高等院校"互联网+"系列精品教材
校企"双元"合作精品教材

国家课程思政
示范课配套教材

仪器仪表的标准操作与技巧

主编　王蕾　顾艳华
副主编　王北戎　张方园　刘佳

电子工业出版社
Publishing House of Electronics Industry
北京·BEIJING

美丽中国——广西桂林漓江风光

内 容 简 介

随着科技的飞速发展，仪器仪表在很多领域发挥的作用越来越重要。本书是结合诸多行业对仪器仪表的操作要求编写的，借鉴真实的项目，通过完成项目任务的方式引入常用的仪器仪表知识，主要介绍地阻仪、万用表、函数信号发生器、示波器、GPS 测量仪、频谱分析仪、激光测距仪、电缆故障测试仪、光纤熔接机、OTDR（光时域反射仪）等仪器仪表的工作原理、操作面板及规范操作方法。本书的工程实践性强，对应的课程"仪器仪表标准操作"为"国家课程思政示范课"，主编及副主编均为"国家课程思政教学名师"。书中配有大量图表、思政小故事，在增加知识趣味性的同时可帮助学生直观地理解书中内容；每个任务最后都附有操作任务单，帮助学生在梳理任务步骤的同时完成自评与反思，也便于教师组织和实施综合实训。

本书为应用型本科和高职高专院校电子、电气、通信、自动化、计算机等专业仪器仪表相关课程的教材，也可作为开放大学、成人教育、自学考试、中职学校及培训班的教材，以及工程技术人员的参考书。

本书配有微课视频、电子教学课件、习题参考答案等资源，详见前言。

未经许可，不得以任何方式复制或抄袭本书之部分或全部内容。
版权所有，侵权必究。

图书在版编目（CIP）数据

仪器仪表的标准操作与技巧 / 王蕾，顾艳华主编.
北京 ：电子工业出版社，2024. 12. -- （高等院校"互联网+"系列精品教材）. -- ISBN 978-7-121-49339-3

Ⅰ. TH7

中国国家版本馆 CIP 数据核字第 2024G1L486 号

责任编辑：陈健德　　文字编辑：赵　娜
印　　刷：天津画中画印刷有限公司
装　　订：天津画中画印刷有限公司
出版发行：电子工业出版社
　　　　　北京市海淀区万寿路 173 信箱　邮编：100036
开　　本：787×1 092　1/16　印张：11　字数：281.6 千字
版　　次：2024 年 12 月第 1 版
印　　次：2024 年 12 月第 1 次印刷
定　　价：49.50 元

凡所购买电子工业出版社图书有缺损问题，请向购买书店调换。若书店售缺，请与本社发行部联系，联系及邮购电话：（010）88254888，88258888。
质量投诉请发邮件至 zlts@phei.com.cn，盗版侵权举报请发邮件至 dbqq@phei.com.cn。
本书咨询联系方式：chenjd@phei.com.cn。

前言

仪器仪表是人们用来认知世界的工具,随着科技的飞速发展,在很多领域都被广泛应用,主要包括工业、农业、国防等领域。在信息技术领域,仪器仪表是通信技术发展的重要组成部分,在电子对抗、故障诊断和工程抢修中发挥了重要作用。各行各业都需要大量懂得仪器仪表技术原理与操作的技术人员,因此许多院校开设了与仪器仪表相关的课程。本书是在《仪器仪表的使用与操作技巧》出版使用4年的基础上,结合近几年的课程改革和校企合作成果,融入课程思政案例,进行修订改版编写的。

本书主要以各行业工程技术人员操作仪器仪表的通用经验为基础,将理论、实践、职业技能等内容进行融合设计,深度践行"教、学、做一体化"编写理念。基于不同的应用场景,设计综合工作项目,以子任务形式将常用的电子测量仪器、电缆测试仪器、光缆测试仪器等贯穿入项目中,主要包括地阻仪、万用表、函数信号发生器、示波器、频谱分析仪、电缆故障测试仪、网络测线仪、光纤熔接机、OTDR、GPS测量仪、激光测距仪等常用仪器。全书共分为3个综合项目、14个任务,每个任务由思维导图、知识准备、任务单、评价总结等组成。

本书是校企合作、产教融合的成果,全面体现职业教育特色。教材编写坚持以应用为核心,以学习实用技能、提高职业能力为出发点,培养学生的综合素质。编写团队汇聚院校骨干教师与企业专家,双方深度合作,将企业一线的仪器仪表使用技巧、维护经验以及行业标准融入教材。同时,教材采用活页式编排方式,配套工作任务单、学习指导、微课视频、动画、习题库等类型丰富的学习资源,可有效开展线上线下混合式教学活动,打造产、学、研一体化学习生态,让学校教育与产业需求同频共振。

本书由南京信息职业技术学院王蕾、顾艳华任主编,由南京信息职业技术学院王北戎、北京华晟经世信息技术有限公司张方园、刘佳任副主编,由王蕾统稿。具体编写分工为:王蕾编写项目2的任务2.1、任务2.3,项目3的任务3.5、任务3.6;顾艳华编写项目1和项目2的任务2.2、任务2.5;王北戎编写项目2的任务2.7、项目3的任务3.7;张方园编写项目2的任务2.4,项目3的任务3.3、任务3.4;刘佳编写项目2的任务2.6,项目3的任务3.1、任务3.2;全书由王蕾负责统稿。在编写过程中,中通服咨询设计研究院刘海林、中邮建技术有限公司王小飞两位专家针对行业标准及项目案例等内容给出了指导性建议,在此对他们表示最诚挚的谢意!

为方便教师教学,本书配有微课视频、电子教学课件、习题参考答案等资源,请有需要的教师扫书中二维码阅览或登录华信教育资源网免费注册后进行下载,如有问题请在网站留言或与电子工业出版社联系(E-mail:chenjd@phei.com.cn)。

由于编者水平有限,书中难免存在疏漏和不足之处,恳请广大读者批评指正!

编 者

目 录

项目1 仪器仪表操作安全 ·········1
项目思维导图 ·········1
任务1.1 学习仪器仪表的一般安全规程 ·········2
任务1.2 灭火器的使用 ·········5
1.2.1 灭火器的用途 ·········5
1.2.2 灭火器的分类 ·········5
1.2.3 灭火器的使用方法及其注意事项 ·········7
任务1.3 实验室突发事件应急预案 ·········8
1.3.1 电源故障应急预案 ·········8
1.3.2 网络故障应急预案 ·········8
1.3.3 触电事故应急预案 ·········8
1.3.4 仪器设备故障事故应急预案 ·········8
任务单 ·········9
评价总结 ·········12

项目2 通信设备的检测与维护 ·········13
项目思维导图 ·········13
任务2.1 地阻仪的测量原理与测量方法 ·········14
任务思维导图 ·········14
任务内容 ·········15
知识准备 ·········15
2.1.1 地阻仪的测量原理 ·········15
2.1.2 接地电阻的测量方法 ·········16
任务单 ·········20
评价总结 ·········22
任务2.2 万用表的操作与应用 ·········23
任务思维导图 ·········23
任务内容 ·········23
知识准备 ·········23
2.2.1 万用表的工作原理 ·········24
2.2.2 万用表的结构 ·········26
2.2.3 数字万用表的操作 ·········27
任务单 ·········30
评价总结 ·········34
任务2.3 函数信号发生器的原理与操作 ·········35

任务思维导图 ··· 35
　　任务内容 ··· 35
　　知识准备 ··· 35
　　　　2.3.1　函数信号发生器的原理 ·· 35
　　　　2.3.2　信号发生器的分类 ·· 36
　　　　2.3.3　EE1411 型合成函数信号发生器 ····································· 36
　　　　2.3.4　UTG6005L 型函数/任意波形发生器 ·································· 39
　　任务单 ··· 40
　　评价总结 ··· 43
任务 2.4　示波器的功能与操作 ··· 44
　　任务思维导图 ··· 44
　　任务内容 ··· 44
　　知识准备 ··· 44
　　　　2.4.1　示波器的基本功能与校正 ·· 44
　　　　2.4.2　示波器的操作步骤 ·· 47
　　任务单 ··· 51
　　评价总结 ··· 53
任务 2.5　GPS 测量仪的操作与应用 ·· 54
　　任务思维导图 ··· 54
　　任务内容 ··· 54
　　知识准备 ··· 54
　　　　2.5.1　GPS 的基本工作原理 ·· 54
　　　　2.5.2　UniStrong GPS 测量仪的操作 ······································ 56
　　　　2.5.3　UniStrong GPS 测量仪的主要界面说明 ····························· 58
　　　　2.5.4　UniStrong GPS 测量仪的操作 ······································ 61
　　任务单 ··· 65
　　评价总结 ··· 68
任务 2.6　频谱分析仪的原理与操作 ··· 69
　　任务思维导图 ··· 69
　　任务内容 ··· 69
　　知识准备 ··· 69
　　　　2.6.1　频谱分析仪的工作过程 ·· 69
　　　　2.6.2　频谱分析仪的分类及工作原理 ······································ 70
　　任务单 ··· 76
　　评价总结 ··· 78
任务 2.7　激光测距仪的工作原理与操作 ··· 79
　　任务思维导图 ··· 79
　　任务内容 ··· 79
　　知识准备 ··· 79

	2.7.1 激光测距仪的原理	79
	2.7.2 激光测距仪的类型	81
	2.7.3 测量前的准备	81
	2.7.4 测量操作步骤	82
任务单		85
评价总结		87

项目 3 通信线路的维护与排障 ... 88

项目思维导图 ... 88

任务 3.1 网线的制作与测试 ... 89
任务思维导图 ... 89
任务内容 ... 90
知识准备 ... 90
- 3.1.1 网线的分类与工具 ... 90
- 3.1.2 网线的制作步骤 ... 96

任务单 ... 99
评价总结 ... 101

任务 3.2 综合配线架的分类与制作 ... 102
任务思维导图 ... 102
任务内容 ... 102
知识准备 ... 102
任务单 ... 114
评价总结 ... 116

任务 3.3 通信电缆的结构与识别 ... 117
任务思维导图 ... 117
任务内容 ... 117
知识准备 ... 117
- 3.3.1 通信电缆线路的组成 ... 117
- 3.3.2 全塑电缆的结构、分类、型号 ... 118
- 3.3.3 线芯色谱 ... 120
- 3.3.4 全塑电缆的端别 ... 121
- 3.3.5 电缆故障的种类 ... 122

任务单 ... 123
评价总结 ... 125

任务 3.4 电缆故障测试仪的使用 ... 126
任务思维导图 ... 126
任务内容 ... 126
知识准备 ... 126
- 3.4.1 电缆故障测试仪的面板与测试导引线 ... 126

  3.4.2 电缆故障测试的基本步骤 …………………………………………… 127
  3.4.3 脉冲测试法 ……………………………………………………………… 128
  3.4.4 一般问题处理及常见脉冲故障波形 …………………………………… 134
 任务单 …………………………………………………………………………………… 136
 评价总结 ………………………………………………………………………………… 138
任务 3.5 光缆的认知 …………………………………………………………………………… 139
 任务思维导图 …………………………………………………………………………… 139
 任务内容 ………………………………………………………………………………… 139
 知识准备 ………………………………………………………………………………… 139
  3.5.1 光纤、光缆的结构与种类 ……………………………………………… 139
  3.5.2 光缆的识别 ……………………………………………………………… 144
 任务单 …………………………………………………………………………………… 148
 评价总结 ………………………………………………………………………………… 150
任务 3.6 光纤熔接 ……………………………………………………………………………… 151
 任务思维导图 …………………………………………………………………………… 151
 任务内容 ………………………………………………………………………………… 151
 知识准备 ………………………………………………………………………………… 151
 任务单 …………………………………………………………………………………… 155
 评价总结 ………………………………………………………………………………… 157
任务 3.7 OTDR 的工作原理与操作 …………………………………………………………… 158
 任务思维导图 …………………………………………………………………………… 158
 任务内容 ………………………………………………………………………………… 158
 知识准备 ………………………………………………………………………………… 158
  3.7.1 OTDR 的基本结构 ……………………………………………………… 158
  3.7.2 OTDR 的工作原理 ……………………………………………………… 159
  3.7.3 OTDR 的操作准备 ……………………………………………………… 160
  3.7.4 OTDR 的操作步骤 ……………………………………………………… 161
 任务单 …………………………………………………………………………………… 165
 评价总结 ………………………………………………………………………………… 168

项目 1

仪器仪表操作安全

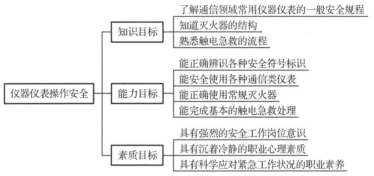

扫一扫看教学课件：仪器仪表操作安全

扫一扫看电子教案：仪器仪表操作安全

扫一扫看微课视频：仪器仪表操作安全

点睛：在通信工程的勘测、施工、维护等过程中，触电、高空坠落、中毒窒息、火灾、道路交通事故、物体打击等安全事故屡见不鲜，不仅影响了工程的安全，更让人扼腕叹息的是许多施工人员因忽视基本的安全操作，失去了宝贵的生命。因此，学习和掌握常用通信仪器仪表的安全操作规程，在危急时刻能够正确使用灭火设备、能采取正确的触电急救措施对一名通信工程师来说至关重要。

下面这个通信工程安全事故典型案例或许会带来更多的警示，可以提升通信施工人员的安全意识。

典型案例：触电事故案例——违章分包、违章作业导致触电事故

某省通信建设工程局将某镇"村村通"电话工程转包给无施工资质的工程队施工。2002年7月18日上午，该工程队在距该镇西侧1.5 km处的一个行政村自西向东布放钢绞线，在

仪器仪表的标准操作与技巧

5—6号杆跨越照明线时,在未停电情况下,使用竹梯顶着钢绞线施工。

12时30分左右开始欲紧钢绞线,孙某等8人拉着钢绞线刚走出3~5 m,顶钢绞线的竹梯突然歪倒,钢绞线搭在照明线上,吴某在杆上听到拉钢绞线的人"哎呀"了一声,8名工人全部倒地。吴某迅速从杆上滑下跑到驻地喊人,随后跑到5—6号杆跨越照明线处,用脚猛踹支撑照明线的小木杆,将照明线挣断(照明线是当地农民自己架设的,使用的是纱包橡胶线,已经老化)。该事故导致6人当场死亡。

在通信企业中,人员触电或遭受电击引发的伤亡事故,约占各类伤亡事故的40%。通过对事故的分析,可以发现导致触电、电击伤亡事故发生的主要原因有线路设计、施工不规范,"三线"交越隐患整治不力;施工作业人员不正确穿戴和使用防护用品;雷雨天气作业、基站内发电、随意攀爬变压器作业、违章操作、违章指挥等。因此,在通信工程施工中,应采取防范措施,包括加强施工作业人员的安全生产知识培训,提高施工作业人员安全意识;做好安全技术交底;做好通信线路施工的路由复测,熟悉作业区域周边环境;严格遵守安全施工技术规定等。

本项目将系统介绍仪表使用中要遵循的一般安全规程,训练在发生火灾时如何使用不同种类的灭火器进行灭火操作,以及突遇严重的触电事故时,如何采取施救措施等。

任务1.1 学习仪器仪表的一般安全规程

扫一扫看仪器仪表操作规范

在仪器仪表的使用过程中,一般要注意学习以下安全规程。

(1)所有仪器仪表要定期校验,合格后方准使用。在使用过程中要经常检查仪表是否灵敏,运转是否良好,严禁超量程运行,严禁无关人员乱动。

在使用万用表测量电压、电流、电阻时,为防止仪表被烧坏,应先选用大量程进行测量,再逐级减小量程,常见万用表如图1-1-1所示。

图1-1-1 常见万用表

(2)仪表工应熟知所管辖仪表的关于电气、有毒物质、有害物质的安全知识和安全标志,常见的安全标志如图1-1-2所示。

(3)在一般情况下,不允许带电作业,在必要时须穿戴好绝缘鞋和绝缘手套,并有两人以上在场时方能操作;在特殊情况下,须经批准后再进行操作。绝缘鞋和绝缘手套如图1-1-3所示。

在生活中,有时我们会遇到一些短暂漏电的情况,如用播放器听歌时耳机导线的漏电,这种类型的漏电一般持续时间比较短,对人体的危害也比较小;如果是市电电路漏电,对人体就会有较大的伤害,其中涉及人体的安全电压问题。

项目1　仪器仪表操作安全

图1-1-2　常见的安全标志　　　　　图1-1-3　绝缘鞋和绝缘手套

人体的安全电压为36 V，如果接触高于36 V的电压就会有生命危险。大地的电压值为0 V，站在地面上触摸市电火线就相当于把220 V电压加在人体上。220 V远高于36 V，如果接触人体，电流是相当大的，其后果将不堪设想。但人体的安全电压值是无法改变的，所以若想在带电作业中保证安全，就只能改变人体对大地的电阻值。对地电阻值越大，耐受电压值就越大，如果人站在一个绝缘性能很高、阻值很大的物体上面，就提升了人体对地面的耐受电压值，这时的耐受电压值就等于人体的安全电压值加上绝缘物体的耐受电压值。当这个值远高于220 V时，人体就是安全的。

（4）在有粉尘、有毒、易燃、易爆等场所进行作业时，须先了解相关介质的性质及其对人体的危害，并采取有效预防措施。对含有毒气体的仪表管道进行操作时，须打开通风装置或站在上风口方向，按规定穿戴好劳动防护用品、用具，并实行双人操作制度。

（5）进入塔、槽等罐内进行作业时应遵守罐内作业安全规定。在罐内作业时的安全示意如图1-1-4所示。

① 在新建的各种塔、罐内进行施工安装作业时，要采取通风措施，对通风不良及容积较小的设备，操作人员应实行间歇作业制度。

② 罐内作业是指进入已投入使用的槽、罐、炉、塔、管道、沟道内的作业。在罐内作业前，必须办理罐内安全作业证。

③ 在罐内作业前，须检查设备所在车间是否严格执行切断物料、清洗置换等规定。当物料未切断、清洗置换不合格、行灯不合规定、没有监护人时不得进入施工。

④ 在入罐前30分钟要进行取样分析，毒物含量和含氧量要符合标准，当两次入罐作业之间超过30分钟或盲板等环境发生变化时必须重新进行取样分析。

⑤ 在罐内作业时要按设备高度搭设安全梯和架台，配备救护绳索。严禁向罐外投掷材料、工具、器具，以防发生意外。

（6）非专门负责管理的设备，不准随意使用、停止和进行检修作业。

（7）在作业前须仔细检查所使用的维修工具、各类仪器仪表及设备的性能是否良好，否则不得开始作业。

（8）在检修仪表前，要检查各类安全设施是否良好，否则不得开始检修。

（9）在仪表检修前，应将设备的余压、余料泄尽，切断水、电、气等物料来源，将设备降至常温，并悬挂"正在检修"等标志，必要时要有专人监护。"正在检修"标志样例如图1-1-5所示。

图1-1-4 在罐内作业时的安全示意　　　　图1-1-5 "正在检修"标志样例

（10）当现场作业需要停表或停送电时必须与操作人员联系，得到允许后才可以进行操作。

（11）在使用电烙铁时不准带电接线，应在焊接好电路后再给电路板送电。严禁在易燃、易爆场所使用易产生火花的电动工具，当必须使用时要先办理动火证。

（12）仪表及电气设备均须保持良好的接地状态。常见的机房设备接地排如图1-1-6所示。

（13）任何仪表和设备在未证实是否通电之前均应按通电情况对待。

（14）仪表、电气及照明等设备的导线不得有破损、漏电等情况。

（15）仪表电源开关与照明或动力电源开关不得共用。防爆场所中的电气设备必须选用防爆开关。常见的防爆开关如图1-1-7所示。

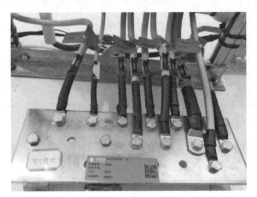

图1-1-6 机房设备接地排　　　　图1-1-7 防爆开关

（16）在向仪表及其附属设备送电前应先检查电源、电压的等级是否与仪表的要求相符合，然后检查仪表及附属设备的绝缘情况，在确认接线正确、接触良好后方可送电。

（17）在仪表和电气设备上严禁放置导体和磁性物品。

（18）在通电后严禁触动变压器上的任何端子。

（19）对现场的仪表、中间接线盒和分线箱等，要做好防水、防潮、防冻、防腐工作，以保证仪表安全运行。某工地使用的分线箱如图1-1-8所示。

（20）所使用的电动工具和电气设备必须保持良好的接地状态。严禁将没有插头的导线直接插入插座。

（21）电气设备的供电电压应符合设备要求。设备在使用中发生故障时，应先切断电源，再通知相关人员进行检修，非专业人员不得随意触动。

（22）一切仪表不经仪表负责人同意，不得改变其工作条件，如压力和温度范围等。当仪表的工作条件发生改变后，须告知仪表负责人进行备案，并在技术档案中进行明确记录。

（23）单管、U形管压力计等设备应妥善保管，防止破碎；在调整内充水银的仪表时，应在远离人员集中的地方进行；应在水银的表面用水或甘油等介质进行密封，防止其挥发；禁止用嘴吹或用手直接接触水银；严禁氧气或液氨与水银接触，否则水银将被腐蚀。

（24）在使用水银校验仪表时，应在专用的工作室内进行，室内应保持良好的通风，盛水银的容器应盖严，散落的水银应及时清扫处理，在操作时应穿工作服、戴口罩。常用的水银压力表如图1-1-9所示。

图1-1-8　分线箱

图1-1-9　水银压力表

（25）在高空或易燃易爆环境中进行作业时，应先关闭取压点和阀门等，分别严格遵守"高空作业"和"易燃易爆作业"的安全操作规程。

（26）在高温环境中进行作业时，周围必须加设必要的防护隔热设施，以防人体被灼伤。

（27）不准在仪表室（盘）周围安放对仪表灵敏度有影响的设备、线路和管道等，也不得存放易产生腐蚀性气体的化学物品。

任务1.2　灭火器的使用

1.2.1　灭火器的用途

灭火器是一种常见的消防器材，灭火器内通常放置有化学物品，用以灭火。事实上，灭火器平时往往被人冷落，通常在火灾突发时才显出其重要性，尤其是在高楼林立，室内用大量木材、塑料、织物装潢的今日，一旦有了火情，若没有适当的灭火器具，很可能酿成大祸。灭火器一般存放在公众场所或可能发生火灾的地方，不同种类的灭火器内充装的物质成分不一样，是专为不同的火灾而设计的，因此使用时必须先确认灭火器的类型，以免起到相反效果反而引起更大的危险。

1.2.2　灭火器的分类

灭火器的种类很多，按移动方式可分为手提式和推车式；按驱动灭火剂的动力来源可分为储气瓶式、储压式、化学反应式；按所充装的灭火剂可分为泡沫、干粉、卤代烷、二氧化碳、清水等类型。不同类型灭火器的工作原理和结构都不一样，因此其适用范围和使用方法不完全相同，下面主要介绍干粉、泡沫、二氧化碳、清水几种常见的灭火器。

1. 干粉灭火器

干粉灭火器内充装的是干粉灭火剂。干粉灭火剂是用于灭火的干燥且易于流动的微细粉末，由具有灭火效能的无机盐和少量添加剂经干燥、粉碎、混合而成。它利用压缩的二氧化碳吹出干粉（主要含有碳酸氢钠）来灭火。

干粉灭火器如图1-2-1所示，是一种高效灭火器，适用于可燃固体、可燃液体、可燃气体、电器着火等引起的火灾，也适用于档案资料、纺织品及珍贵仪器着火等。干粉是不导电的，可以用于扑救带电设备引起的火灾。

2. 泡沫灭火器

泡沫灭火器内有两个容器，分别盛放硫酸铝和碳酸氢钠溶液两种液体，两种溶液互不接触，不发生任何化学反应。平时千万不能碰倒泡沫灭火器，当需要灭火时，把灭火器倒立，将两种溶液混合在一起，就会产生大量的二氧化碳气体。除两种反应物外，灭火器中还加入了一些发泡剂。打开开关，泡沫从灭火器中喷出，覆盖在燃烧物品表面，使燃着的物质与空气隔离，并降低温度，达到灭火的目的。泡沫灭火器如图1-2-2所示。

图1-2-1　干粉灭火器

图1-2-2　泡沫灭火器

泡沫灭火器适用于扑救油制品、油脂等引起的火灾，不能扑救水溶性可燃、易燃液体引起的火灾，如醇、酯、醚、酮等，也不能扑救带电设备引起的火灾。

3. 二氧化碳灭火器

二氧化碳灭火器瓶体内贮存液态二氧化碳，工作时，压下瓶阀的压把，内部的二氧化碳灭火剂便由虹吸管经过瓶阀到喷筒喷出，使燃烧区氧气的浓度迅速下降，当二氧化碳达到足够浓度时火焰会因窒息而熄灭，同时由于液态二氧化碳会迅速汽化，在很短的时间内吸收大量的热量，可对燃烧物起到一定的冷却作用，也有助于灭火。推车式二氧化碳灭火器主要由瓶体、器头总成、喷管总成、车架总成等部分组成，内装的灭火剂为液态二氧化碳灭火剂。

二氧化碳灭火器如图1-2-3所示，适用于扑救易燃液体及气体的初起火灾，也可扑救带电设备引起的火灾，常用于实验室、计算机房、变/配电所，以及对精密电子仪器、贵重设备或物品维护要求较高的场所。

图1-2-3　二氧化碳灭火器

4. 清水灭火器

清水灭火器中的灭火剂为清水。水在常温下具有较低的黏度、较高的热稳定性、较大的密度和较高的表面张力，是一种古老而又使用广泛的天然灭火剂，易于获取和储存。它主要依靠冷却和窒息作用进行灭火。因为每千克水自常温加热至沸点并完全蒸发、汽化，可以吸收 2593.4 kJ 的热量。因此，它利用自身吸收显热和潜热的能力发挥冷却灭火作用，是其他灭火器所无法比拟的。在灭火时，由水汽化产生的水蒸气将占据燃烧区域的空间、稀释燃烧物周围的氧气，阻碍新鲜空气进入燃烧区，使燃烧区内的氧气浓度大大降低，从而达到窒息灭火的目的。当水呈喷淋雾状时，形成的水滴和雾滴的比表面积将大大增加，增强了水与火之间的热交换作用，从而强化了其冷却和窒息作用。

清水灭火器适用于易溶于水的可燃、易燃液体引起的火灾；采用强射流产生的水雾可使可燃、易燃液体产生乳化作用，使液体表面迅速冷却，可燃蒸汽产生速度下降，从而达到灭火的目的。

1.2.3 灭火器的使用方法及其注意事项

市场上灭火器的种类非常多，这里仅介绍几种常见灭火器的使用方法及其注意事项。

1. 干粉灭火器的使用方法

（1）右手拖着压把，左手拖着灭火器底部，轻轻取下灭火器。

（2）右手提着灭火器到现场。

（3）除掉铅封。

（4）拔掉保险销。

（5）左手握着喷管，右手提着压把。

（6）在距离火焰 2 m 的地方，右手用力压下压把，左手拿着喷管左右摆动，喷射干粉覆盖整个燃烧区。

使用磷酸铵盐干粉灭火器扑救固体可燃物火灾时，应对准燃烧最猛烈处喷射，并上下、左右扫射。如条件允许，使用者可提着灭火器沿着燃烧物的四周边走边喷，使干粉灭火剂均匀地喷在燃烧物的表面，直至将火焰全部扑灭。

2. 泡沫灭火器的使用方法

（1）右手拖着压把，左手拖着灭火器底部，轻轻取下灭火器。

（2）右手提着灭火器到现场。

（3）右手捂住喷嘴，左手执筒底边缘。

（4）把灭火器颠倒过来呈垂直状态，用力上下晃动几下，然后放开喷嘴。

（5）右手抓筒耳，左手抓筒底边缘，把喷嘴朝向燃烧区，站在离火源 8 m 的地方喷射，并不断前进，围着火焰喷射，直至把火扑灭。

（6）灭火后，把灭火器卧放在地上，喷嘴朝下。

手提式泡沫灭火器存放时应选择干燥、阴凉、通风并取用方便之处，不可靠近高温或可能受到曝晒的地方，以防止碳酸分解而失效；冬季要采取防冻措施，以防止其冻结；并应经常擦除灰尘、疏通喷嘴，使之保持通畅。

3. 二氧化碳灭火器的使用方法

灭火时只要将灭火器提到或扛到火场，在距燃烧物 5 m 左右处，拔出灭火器保险销，一

手握住喇叭筒根部的手柄，另一只手紧握启闭阀的压把。对于没有喷射软管的二氧化碳灭火器，应把喇叭筒往上板 70°～90°。使用时，不能直接用手抓住喇叭筒外壁或金属连线管，防止手被冻伤。灭火时，当可燃液体呈流淌状燃烧时，使用者将二氧化碳灭火剂的喷流由近而远向火焰喷射；如果可燃液体在容器内燃烧，使用者应将喇叭筒提起，从容器的一侧上部向容器中喷射，但不能将二氧化碳射流直接冲击可燃液面，以防止将可燃液体冲出容器而扩大火势，造成灭火困难。

使用二氧化碳灭火器时，在室外使用的，应选择在上风方向喷射，并且手要放在钢瓶的木柄上，防止被冻伤；在室内窄小空间使用的，灭火后操作者应迅速离开，以防窒息。

任务 1.3　实验室突发事件应急预案

1.3.1　电源故障应急预案

当实验室突然停电或电源异常时，现场人员应立即汇报给实训中心人员，实训中心及时联系相关维护人员到现场检修；对于恢复时间无法预计的，要及时通知教务办调整教学安排；恢复供电后，严格按照操作程序逐步恢复实验室设备供电，以防瞬间电流过大造成设备损坏。

1.3.2　网络故障应急预案

当发生网络故障时，现场人员首先应检查实验室设备情况，确定网络故障的原因；当网络故障无法排除时，要启动备用线路和设备，以保证网络的正常运行，然后联系网络管理人员，及时处理和排除故障；当发生人为或病毒破坏时，按以下顺序处理：判断破坏的来源及性质，断开影响安全与稳定的设备，断开与破坏来源的物理网络连接，跟踪并锁定破坏的来源和其他网络用户信息，修复被破坏的信息，恢复系统。网络故障排除后，在确认安全的情况下，重新启动服务系统；若重启系统成功，则检查数据丢失情况，利用备份数据恢复；若重启失败，则立即交由相关技术人处理。

1.3.3　触电事故应急预案

应先切断电源或拔下电源插头，若来不及切断电源，可用绝缘物挑开电线；在未切断电源之前，禁用手去拉触电者，禁用金属或潮湿的东西挑电线。触电者脱离电源后，应就地仰面躺平，禁止摇动触电者头部；检查触电者的呼吸和心跳情况，呼吸停止或心脏停跳时应立即施行人工呼吸或心脏按压，并尽快联系医疗部门救治。

1.3.4　仪器设备故障事故应急预案

若在仪器使用中发生设备电路事故，须立即停止实验，切断电源，并向实验室负责人和实训中心汇报；如发生失火，应选用灭火器扑灭，不得用水扑灭；如火势蔓延，应立即向学校安管处和消防部门报警；若仪器使用中的容器破碎及污染物质溢出，应立刻戴上防护手套，按照仪器的标准作业程序关机，清理污染物及破碎玻璃，再对仪器进行消毒清洗，同时告知其他人员注意。

项目 1　仪器仪表操作安全

任务单

1. 任务目标

（1）能够辨识常见的安全标志并知道其含义；
（2）能够写出 5 条以上使用仪器仪表时需要注意的一般事项；
（3）能够规范使用实验室常规灭火器完成灭火操作；
（4）能够完成触电急救常规处理操作。

2. 仪器仪表工具需求单

表 1-3-1　仪器仪表工具需求单

序号	仪器	工具/材料
1		
2		
3		
4		
5		
6		
7		

3. 小组成员及分工

表 1-3-2　小组成员及分工

职位	姓名	分工
组长		
组员 1		
组员 2		
组员 3		
组员 4		

4. 任务要求

（1）辨识图 1-3-1 中的常见安全标志并写出其含义。

　（1）　　　　　（2）　　　　　（3）　　　　　（4）

图 1-3-1　常见安全标志

将上述安全标志的名称及其含义填写到表 1-3-3 中。

表1-3-3 安全标志名称及其含义

序号	安全标志名称	安全标志含义
1		
2		
3		
4		
5		

（2）总结出5条以上使用通信类仪器仪表时需要注意的事项，填写表格1-3-4。

表1-3-4 使用通信类仪器仪表需要注意的事项

序号	注意事项内容
1	
2	
3	
4	
5	
6	
7	
8	
9	
10	

（3）寻找实验室中的灭火器，阅读灭火器的使用说明，并正确操作灭火器进行灭火。将灭火器的操作使用步骤填写到表1-3-5中。

表1-3-5 灭火器的操作使用步骤

操作步骤序号	操作内容	重难点
1		
2		
3		
4		
5		
6		
7		
8		
9		
10		

项目1 仪器仪表操作安全

操作结果展示（可以附照片）：

（4）假若突遇施工的同伴不幸发生触电事故，该采取哪些抢救措施？请按照采取抢救措施的时间顺序，逐一填写在表格 1-3-6 中。

表 1-3-6 触电急救措施实施步骤

步骤序号	操作内容	重难点
1		
2		
3		
4		
5		
6		
7		
8		

操作结果展示（可以附照片）：

仪器仪表的标准操作与技巧

评价总结

1. 自我评价

序号	评价内容	是否达到（1 表示达到，0 表示未达到）
1	熟悉通信类仪器仪表的一般安全规程要求	
2	熟悉常见的安全标志并理解其含义	
3	知道不同种类灭火器的特点	
4	能读懂灭火器的使用说明，并能正确使用灭火器灭火	
5	知道触电急救的措施及实施流程	
6	能正确实施触电急救方案	
你觉得以上哪个步骤操作最熟练		
在操作过程中，遇到哪些问题，你是如何解决的		
你认为在以后的工作中哪些步骤需要熟练掌握		

2. 小组评价

序号	评价内容	是否完成（1 表示完成，0 表示未完成）
1	正确使用灭火器灭火	
2	正确实施触电急救方案	
3	团队合作完成	
4	任务按时完成	

3. 教师评价

序号	评价内容	是否完成（1 表示完成，0 表示未完成）
1	任务质量达标	
2	课程互动参与	
3	5S 环境	
4	实验小创新	

项目 2

通信设备的检测与维护

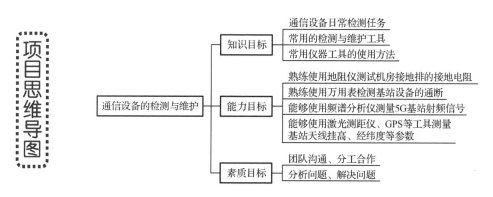

2020 年 5G 成为七大"新基建"之首，继而 5G 基站建设在全国全面铺开，至 2022 年 10 月，我国已建成 5G 基站 225 万个，占全球比例超 70%。5G 基站是 5G 网络的核心设备，提供无线覆盖，实现有线通信网络与无线终端之间的无线信号传输。若 5G 基站出现故障，将会影响到其覆盖区域内用户的正常通信，带给用户较差的使用体验，同时可能造成重大的经济损失，因此，为保障基站的可靠性，基站工程师需要对基站进行定期的日常维护。某高校校园内有多个 5G 基站，在例行的日常维护中（见图 2-0-0），需要采用仪表完成以下测试任务：

　　任务 2.1　使用地阻仪测量机房接地排的接地电阻值，以确保机房所有基站设备有良好的接地保护；

　　任务 2.2　使用万用表检测基站设备的电路、通信缆线的通断、基站机房的插座等，以防止设备老化、传输线缆故障及插座接线混乱造成的通信故障；

　　任务 2.3　使用函数信号发生器生成各类函数波形；

　　任务 2.4　使用数字示波器观察、分析信号的波形及其主要参数；

　　任务 2.5　使用手持 GPS 测量仪测量基站的经、纬度和海拔；

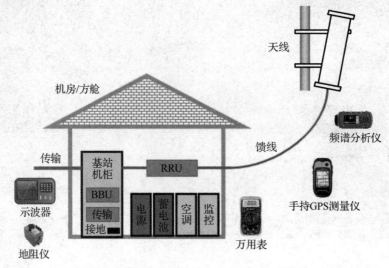

图2-0-0　5G基站室内、室外设备日常维护

　　任务2.6　使用频谱分析仪测量5G基站射频信号，分析射频信号的幅度、带宽和频率，发射机输出功率等参数。

　　任务2.7　使用激光测距仪测量基站天线挂高。

　　为保障上述基站日常维护项目的顺利完成，需学习以下任务：

（1）地阻仪的操作与应用；

（2）万用表的操作与应用；

（3）函数信号发生器的操作与应用；

（4）数字示波器的操作与应用；

（5）GPS测量仪的操作与应用；

（6）频谱分析仪的操作与应用；

（7）激光测距仪的操作与应用。

任务2.1　地阻仪的测量原理与测量方法

任务思维导图

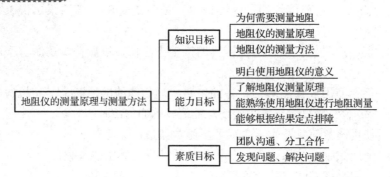

项目 2　通信设备的检测与维护

任务内容

通过完成本项目任务 2.1，学会使用地阻仪测量机房接地排的接地电阻值，以确保机房所有基站设备有良好的接地保护。

知识准备

点睛：优良的接地系统是电力、电信、电气设备安全可靠运行的重要保证。接地电阻值是接地系统品质优劣的评判依据。精确、快速、简捷、可靠的接地电阻测量方法，已成为防雷接地领域技术进步的迫切需求。

2.1.1　地阻仪的测量原理

1. 为何需要测量地阻

通信设备的良好接地是设备正常运行的重要保证，对于交换机、光端机、计算机等电信网络中精密通信设备更是如此。设备使用的地线通常分为工作地（电源地）、保护地、防雷地，有些设备还有单独的信号地，以将强、弱电地隔离，保证数字信号免遭强电地线浪涌的冲击。这些地线的主要作用有提供电源回路、保护人体免受电击，还可屏蔽设备内部电路，使其免受外界电磁干扰或防止干扰其他设备。常见的接地设备如图 2-1-1 所示。

接地不良对通信设备运行的影响与危害：一是无法为设备提供电源回路，使设备无法正常运行；二是设备内部电路得不到安全屏蔽保障，容易受外界强电磁的袭击（如强雷电的袭击）；三是无法抑制通信设备之间的电磁干扰；四是值勤维护人员得不到安全保障，设备维护人员易遭受有害电击。

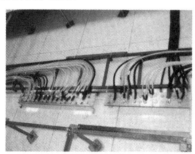 

图 2-1-1　常见的接地设备

通常，设备的接地电阻应尽可能小。设备的接地电阻包括从设备内地线排到机房总地线排连线电阻、总地线排至接地桩的电阻、接地桩与大地间的电阻（地阻）及彼此间的连接电阻。在通常情况下，接地桩与大地间的电阻（地阻）是其中最主要的可变部分，除地阻外的其他部分总电阻在多数情况下总是小于 1Ω。安全的接地系统可以防止人身遭受电击，保障电气系统正常运行。

2. 地阻仪的测量原理

1）接地的基本概念

（1）电气地：大地是一个电阻非常低、电容量非常大的物体，拥有吸收无限电荷的能力，而且在吸收大量电荷后仍能保持电位不变，因此适合作为电气系统中的参考电位体。这种"地"是"电气地"，并不等于"地理地"，但包含在"地理地"之中。"电气地"的范围视大地结构的组成和大地与带电体接触的情况而定。

（2）地电位：与大地紧密接触并形成电气接触的一个或一组导电体称为接地极，通常采用圆钢或角钢，也可采用铜棒或铜板。当流入大地的电流 I 通过接地极向大地作半球形散开时，在距接地极越近的地方越小，越远的地方越大，所以在距接地极越近的地方电阻越大，而在距接地极越远的地方电阻越小。

试验证明：在距单根接地极或碰地处 20 m 以外的地方，半球形的球面已经很大了，实际已没有什么电阻存在，不再有电压降。换句话说，该处的电位已近于零。这电位等于零的"电气地"称为"地电位"。若接地极不是单根而为多根时，屏蔽系数增大，上述 20 m 的距离可能会增大。

2）地阻仪的测量原理

地阻仪通过内置交流发电机发出的低频恒流交流电，通过 E、P 极将电流导入大地，然后通过 C 极检测大地的电流强度，即大地阻值。

地阻仪按工作原理分为基准电压比较型、基准电流型和压降型。地阻仪利用电桥原理，通过比例装置将被测电阻与已知电阻进行比较，调整平衡后，直接通过已知电阻上的刻度读出被测接地电阻值。地阻仪通常有两个辅助电极：一个用于注入电流，称为电流极 C；另一个用于采样电压，称为电压极 P。要是电流源的负载很大，电流电极 C 的接地电阻不影响测量结果；如果取样电压端的阻抗很大，P 电极的接地电阻不影响测试结果。

地阻仪应使用交流电源。这是因为土壤的电导率主要取决于土壤中电解质的作用，用直流电测量会产生极化电动势，导致测量误差很大。由于用作零位指示器的电流计是磁电系仪器，仪表装有机械整流器（或相敏整流器），将交流电整流成直流电，送至检流计。

影响接地电阻的因素很多，如接地桩的大小（长度、粗细）、形状、数量、埋设深度，周围地理环境（如平地、沟渠、坡地是不同的），土壤湿度、质地等。为保证设备的良好接地，利用仪表对地电阻进行测量是必不可少的，接地电阻大小是接地系统品质优劣的评判依据。

常用的地阻仪分为机械式（手摇式）和数字式，如图 2-1-2 所示。

（a）机械式（手摇式）

（b）数字式

图 2-1-2　常用地阻仪

2.1.2　接地电阻的测量方法

1. 手摇式地阻仪的测量方法

如图 2-1-3 所示，地阻仪有 E、P、C 三个接线端钮。E 端钮接 5 m 导线，P 端钮接 20 m

导线，C 端钮接 40 m 导线。测量时分别接于被测接地体（E′）、电压极（电位探针 P′）和电流极（电流探针 C′）。探针按直线和三角形结构排列方式打入土壤中。当匀速转动（120 r/min）手柄时，产生的交变电流沿被测接地体和电流极构成控制回路，稳定后即可计算得出被测的接地电阻值。

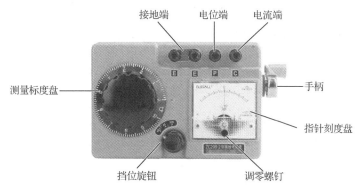

图 2-1-3　手摇式地阻仪面板结构

具体测试步骤如下。

1）准备工作

测试前的准备工作如图 2-1-4 所示。

图 2-1-4　测试前的准备工作

2）地阻测量

（1）E、P、C 三点一线，如图 2-1-5 所示。

图 2-1-5　E、P、C 三点一线

（2）连接地阻仪，如图 2-1-6 所示。

图 2-1-6　连接地阻仪

（3）测量，如图 2-1-7 所示。

图 2-1-7　测量

（4）读取数值，如图 2-1-8 所示。

图 2-1-8　读取数值

2. 数字式地阻仪的测量方法

数字式地阻仪摒弃了传统的人工手摇发电的工作方式，采用先进的大规模集成电路，是应用 DC/AC 变换技术将三端钮、四端钮测量方式合并为一种机型的新型接地电阻测量仪。其工作原理为由机内 DC/AC 变换器将直流变为交流的低频恒流，经过辅助接地极 C 和被测物 E 组成回路，在被测物上产生交流压降，经辅助接地极 P 送入交流放大器放大，再经过检波送入表头显示。借助倍率开关，可得到三个不同的量限：0～2 Ω、0～20 Ω、0～200 Ω。数字式地阻仪面板结构如图 2-1-9 所示。

项目 2 通信设备的检测与维护

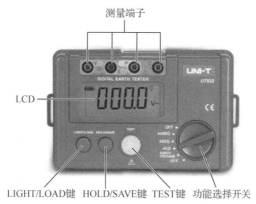

图 2-1-9 数字式地阻仪面板结构图

测量步骤如下。

（1）沿被测接地极 E（C2、P2）和电位探针 P1 及电流探针 C1，依直线彼此相距 20 m，使电位探针处于 E、C 中间位置，按要求将探针插入大地。

（2）用专用导线将地阻仪端子 E（C2、P2）、P1、C1 与探针所在位置对应连接。

（3）开启地阻仪电源开关"ON"，选择合适挡位轻按一下按键，该挡指示灯亮，表头 LCD 显示的数值即为被测的地阻。

*注：（1）地阻仪在测量保护接地电阻时，一定要断开电气设备与电源连接点。

（2）在测量小于 1 Ω 的接地电阻时，应分别用专用导线连在接地体上。

（3）测量地电阻时最好反复在不同的方向测量 3~4 次，取其平均值。

仪器仪表的标准操作与技巧

任务单

1. 任务目标

通过本任务能够熟练规范地操作地阻仪,测量接地电阻值。

2. 仪器仪表工具需求单

表 2-1-1　仪器仪表工具需求单

序号	仪器	工具/材料
1		
2		
3		
4		
5		
6		
7		

3. 小组成员及分工

表 2-1-2　小组成员及分工

职位	姓名	分工
组长		
组员 1		
组员 2		
组员 3		
组员 4		

4. 任务要求

(1) 使用手摇式地阻仪测量机房接地排的接地电阻值(测量 3 次,取平均值)。

表 2-1-3　使用手摇式地阻仪测量机房接地排的操作步骤

步骤序号	操作内容	重难点
1		
2		
3		
4		
5		
6		
7		
8		

项目 2　通信设备的检测与维护

操作结果展示（可以附照片）：

（2）使用数字式地阻仪测量机房接地排的接地电阻值（测量 3 次，取平均值）。

表 2-1-4　使用数字式地阻仪测量机房接地排的操作步骤

步骤序号	操作内容	重难点
1		
2		
3		
4		
5		
6		
7		
8		

操作结果展示（可以附照片）：

（3）对比两次的结果，分析误差产生的原因。

仪器仪表的标准操作与技巧

评价总结

1. 自我评价

序号	评价内容	是否达到（1表示达到，0表示未达到）
1	明白测量接地电阻的意义	
2	了解地阻仪的工作原理	
3	熟练操作手摇式地阻仪进行地阻测量	
4	熟练操作数字式地阻仪进行地阻测量	
5	能分析出测量结果产生误差的原因	
你觉得以上哪项内容操作最熟练		
在操作过程中，遇到哪些问题，你是如何解决的		
你认为在以后的工作中哪些内容会要求熟练掌握		

2. 小组评价

序号	评价内容	是否完成（1表示完成，0表示未完成）
1	正确操作地阻仪测量地阻	
2	团队合作完成	
3	任务按时完成	

3. 教师评价

序号	评价内容	是否完成（1表示完成，0表示未完成）
1	任务质量达标	
2	课程互动参与	
3	革新思路/附加任务	
4	5S环境	

项目 2　通信设备的检测与维护

任务 2.2　万用表的操作与应用

任务思维导图

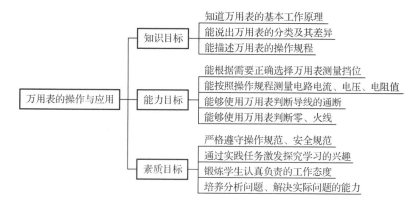

扫一扫看电子教案：万用表的原理与使用

扫一扫看教学课件：万用表的原理与使用

扫一扫下载图片：万用表、GPS 测量仪等设备

任务内容

通过完成本项目任务 2.2，学会使用万用表检测基站设备的电路、通信缆线的通断、基站机房的插座等。

知识准备

由前期的项目背景描述可知，在基站检测中，常常需要用到万用表进行电子设备和电气电路的测试。作为基站维护工程师，为了更好地掌握万用表的使用方法和技巧，需要学习下面的知识和技能。

点睛：万用表又称复用表、多用表、三用表、繁用表等，它是一种可测量多种电量的多量程便携式仪表，也是电力电子等相关行业不可缺少的测量仪表，一般以测量电压、电流和电阻为主要目的。不仅仅是测量工业领域的电气参数，万用表在日常生活中也有着重要的应用价值，有时可以帮助我们避免出现严重的安全事故，一起看看下面这个案例。

生活案例：电动车充电器惹故障[1]

赵先生在给日常代步的助力电动车充电时，家里的电压莫名其妙地升高，空调主板被烧毁，致使空调无法使用。他随即用万用表测量空调插座电压，电压接近 500 V。他起初怀疑是线路中性线干线断开，三相负载不对称引起三相电压不对称，导致负载轻的那相电压偏高，但仔细一想，三相电压不对称偏高的相电压不会超过 430 V，显然不是中性线干线断开引起

---

[1] 赵章吉. 电动车充电器惹故障[J]. 农村电工, 2022, 30(5): 43.

的故障；再观察到其他人家用电正常，进一步推断不是供电故障。

家用电器一般不可能引起过电压，过去也没有发生过，鉴于给电动车充电后出现了过电压，他判断可能是充电器的问题，于是拔下充电器，用数字万用表测量室内电压为 230 V，正常；插上充电器，瞬间电压高达 550 V，并且电压在 400～550 V 变化。为避免烧坏电器，他再次拔掉充电器，电压又恢复正常；关闭和拔掉所有用电器，改用指针式万用表测量，电压在 280～310 V 波动，和使用数字万用表相差较大；接入 100 W 白炽灯，交流电压稍有下降，为 270 V，这样高的电压仍然可使 LED 灯，但空调主板烧毁，至此真相大白！

他打开充电器，发现滤波电容鼓包且外皮开裂，电解液流出，电容已经失去了滤波功能，此时高次谐波就会窜入电源，引起电源侧过电压，就可能会使电子元器件发生损坏或电气设备出现误动作。

从上面的案例可知，即使是非专业电工，学会基本的万用表测量技巧，测量检查日常生活中与电有关的各种电器，也是非常重要的。使用万用表测量基站的电气设备是基站维护工程师岗位必须掌握的技能之一，本项目在校园场景的 5G 基站机房环境中，通过万用表测基站设备的电阻、电压、电流、传输线缆通断、电插座的零火线五个子任务，实现数字万用表基本操作技能的训练。

扫一扫看教学视频：万用表的使用　　扫一扫看微课视频：万用表的使用

2.2.1　万用表的工作原理

万用表又叫多用表、复用表，它是一种可测量多种电学参数的多量程便携式仪表，可分为指针式万用表和数字式万用表。指针式万用表又称模拟式万用表或机械表，其结构简单、读数方便，能直观地反映被测量的变化过程和趋势。数字式万用表用数字直接显示被测量，不能反映出被测量的变化过程和趋势，且价格相对较高。

指针式万用表的基本工作原理是以一只灵敏的磁电式直流电流表为表头，当微小电流通过表头时，就会出现电流指示。但因表头不能通过大电流，所以必须在表头上并联与串联一些电阻对其进行分流或降压，从而达到测量电流、电压和电阻的目的。

1. 指针式万用表的工作原理

1）测直流电流的原理

如图 2-2-1（a）所示，在表头上并联一个适当阻值的电阻（分流电阻）对电路进行分流，就可以扩展万用表的电流量程。改变分流电阻的阻值，就能改变电流的测量范围。

2）测直流电压的原理

如图 2-2-1（b）所示，在表头上串联一个适当阻值的电阻（降压电阻）对电路进行降压，就可以扩展万用表的电压量程。改变降压电阻的阻值，就能改变电压的测量范围。

3）测交流电压的原理

如图 2-2-1（c）所示，因为万用表是直流表，所以在测量交流电压时，需加装一个并串结构的半波整流电路，将交流电通过整流变为直流电后再通过表头，这样就可以根据直流电压的大小来测量交流电压。扩展万用表交流电压量程的方法与扩展其直流电压量程的方法类似。

4)测电阻的原理

如图 2-2-1（d）所示，在表头上分别并联和串联一个分流电阻，同时串联一节电池，使电流通过被测电阻，这时根据电流的大小可以测量出电阻的阻值。改变调零电阻的阻值，就能改变万用表的电阻量程。

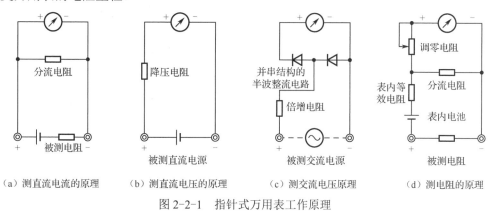

（a）测直流电流的原理　（b）测直流电压的原理　（c）测交流电压原理　（d）测电阻的原理

图 2-2-1　指针式万用表工作原理

2. 数字万用表的工作原理

数字万用表是由数字电压表（DVM）配上各种转换器所构成的，因此具有测量交直流电压、交直流电流、电阻和电容等多种功能。

数字万用表的工作原理如图 2-2-2 所示，它分为输入与转换部分、A/D 转换器（模数转换器）部分和显示部分。输入与转换部分主要是由电压电流转换器（V/I）、交直流转换器（AC/DC）、电阻电压转换器（R/V）、电容电压转换器（C/V）组成。在测量时，输入与转换部分先将各测量量转换成直流电压量，再通过量程旋转开关，将其经放大或衰减电路送入 A/D 转换器进行测量。数字万用表的 A/D 转换器的电路部分与显示部分分别由 ICL7106 模数转换芯片和 LCD 构成。

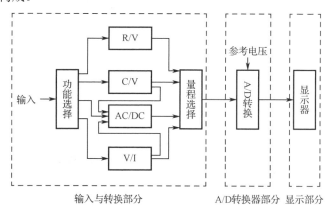

图 2-2-2　数字万用表的工作原理

数字万用表以直流电压 200 mV 作为基本量程，在配接与其成线性变换的直流电压、直流电流、交流电压、交流电流、电阻转换器、电容转换器后便能将对应的电学参量用数字显示出来。

2.2.2 万用表的结构

华谊 PM18 型万用表主要由显示器、hFE 测试插孔、旋转开关、按键等部分构成，结构如图 2-2-3 所示。

万用表各挡位说明如图 2-2-4 所示。万用表的表盘上有电阻、直流电压、交流电压、交流电流、直流电流、蜂鸣挡等挡位，可以通过中间的旋转开关进行不同测量功能和挡位的选择。

万用表输入插座说明如图 2-2-5 所示。万用表有四个输入插孔，左上插孔为大电流红表笔插孔，当测量的电流较大时，选择此插孔连接红表笔；右上插孔为测量电压、电阻使用的红表笔插孔；左下是测量 mA、μA 量级的小电流时的红表笔插孔；右下是黑表笔的插孔。

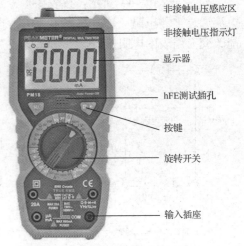

图 2-2-3 万用表的结构

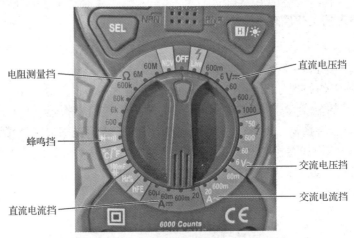

图 2-2-4 万用表各挡位说明

图 2-2-5 万用表输入插座说明

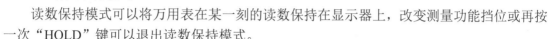

项目 2　通信设备的检测与维护

2.2.3　数字万用表的操作

1. 常规操作

1）读数保持模式

读数保持模式可以将万用表在某一刻的读数保持在显示器上，改变测量功能挡位或再按一次"HOLD"键可以退出读数保持模式。

进入和退出读数保持模式的操作如下。

（1）按一次"HOLD"键，读数将被保持且在液晶显示器上显示"H"符号。

（2）再按一次"HOLD"键，仪表恢复到正常的测量状态。

2）背光及照明灯功能

数字万用表设有背光及照明灯功能，以便用户能在光线较暗的地方准确地读取测量结果。开启或关闭背光及照明灯功能的操作如下。

（1）按下 ☀ 键并保持大于 5 s，开启背光及照明灯功能。

（2）再按下 ☀ 键并保持大于 5 s，关闭背光及照明灯功能；如不进行操作，约 15 s 后将自动关闭背光及照明灯功能。

3）自动关机功能

开机约 15 min 后若无任何操作，万用表会发出"滴滴"提示音并自动切断电源，进入休眠状态。在休眠状态下按任何按键都可以重新开机。

4）注意事项

（1）在测试前，应将旋转开关放置于所需量程上，并注意指针的位置，如图 2-2-6 所示。

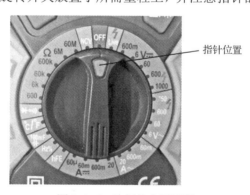

图 2-2-6　选择的合适量程

（2）在测量过程中，如需换挡或改变指针位置，必须先将两支表笔从测量物体上移开，再进行相应操作。

2. 测量交流和直流电压

本万用表的直流电压量程为 600 mV、6 V、60 V、600 V 和 1000 V，交流电压量程为 6 V、60 V、600 V 和 750 V。测量交流和直流电压的操作流程如下。

（1）将旋转开关旋至 V∼（交流）或 V⎓（直流）挡，并选择合适的量程。

27

仪器仪表的标准操作与技巧

（2）挡位旁的数字代表该挡位的最大量程，如在测量交流电压时，该旋转开关选择的挡位为交流电 60 V，即万用表在该挡位下最大只能测量电压值为 60 V 的交流电压。

（3）注意表笔的插入位置，将红表笔插入电压、电阻、二极管通断端口，黑表笔插入 COM 端口，使万用表与被测电路或负载并联。

（4）读出显示器上的数值。在测量直流电压时，显示器会同时显示红色表笔所连接的电压极性。

3. 测量电阻

本万用表的电阻量程为 600 Ω、6 kΩ、60 kΩ、600 kΩ、6 MΩ、60 MΩ，测量电阻的操作流程如下。

（1）将旋转开关旋至 Ω（电阻）挡，并选择合适的量程。

（2）挡位旁的数字代表该挡位的最大量程，如在测量电阻时，该旋转开关选择的挡位为 60 kΩ，万用表在该挡位下最大只能测量阻值为 60 kΩ的电阻。

（3）将红表笔插入电压、电阻、二极管通断端口，黑表笔插入 COM 端口，使万用表与被测电路或负载串联。

（4）读出显示器上的数值，在查看读数时，应确认读数的测量单位（Ω、kΩ、MΩ）。

※注：（1）测得的电阻值通常会和电阻的额定值有所不同。

（2）在测量低阻值电阻时，为保持测量准确，应先将两表笔短路并读出测得的电阻值，并在测量被测电阻后减去该电阻值。

（3）在使用 60 MΩ挡位测量时，要等待几秒后读数才能稳定，这对于高阻值电阻的测量是正常现象。

（4）当万用表处于开路状态时，显示器将显示"OL"字样，表示测量值超出量程范围。

4. 测量交流和直流电流

本万用表的直流电流量程为 60 μA、60 mA、600 mA 和 20 A，交流电流量程为 60 mA、600 mA 和 20 A。测量交流和直流电流的操作流程如下。

（1）在测量前断开电路。

（2）将红表笔插入"mA"（用于测量小电流）或"20 A"（用于测量大电流）端口，黑表笔插入 COM 端口；挡位旁的数字代表该挡位的最大量程，如旋转开关选择的挡位为直流电 20 A，即万用表在该挡位下只能测量最大电流为 20 A 的直流电流，应根据需要选择合适的量程。

（3）将数字万用表串联到被测电路中，接通电路，被测电路的电流会从一端流入红表笔，经万用表的黑表笔流出，再流入被测电路。

（4）读出显示器上的数值。

注意：若不清楚电流大小，应先用最高挡位进行测量，再逐渐降低挡位。

5. 蜂鸣通断测试

蜂鸣通断测试的操作流程如下。

（1）将旋转开关旋转至 （蜂鸣）挡。

（2）将红表笔插入电压、电阻、二极管通断端口，黑表笔插入 COM 端口，使万用表与被测导线串联。

（3）若万用表发出蜂鸣声，则说明导线导通；若没有发出声音，则说明导线断路。此功能主要用于电缆编序试验项目。

6. 火线测试

火线测试示意图如图2-2-7所示，操作流程如下。

（1）将旋转开关旋转至交流电压600 V挡位。

（2）将红表笔插入电压、电阻、二极管通断端口，黑表笔插入COM端口。

（3）在三孔插座中，左孔连接的是零线（N），上孔连接的是地线（E），右孔连接的是火线（L）。在火线测量中，黑表笔接零线，红表笔接火线。在正常情况下，测量值为220 V左右；若没有测量值，应检查插座是否通电；若测量值低于5 V，则说明火线和零线接反了。

图2-2-7　火线测试示意图

仪器仪表的标准操作与技巧

任务单

1. 任务目标

（1）阅读万用表的说明书，熟悉万用表的结构及操作使用方法；
（2）能够安全、规范地使用万用表测量电路的电流、电压及电阻等参数；
（3）能够认真记录测量数据，并合理处理测量数据；
（4）能够使用万用表判断通信线缆的通断；
（5）能够使用万用表判断插座的零、火线。

2. 仪器仪表工具需求单

表 2-2-1　仪器仪表工具需求表单

序号	仪器	工具/材料
1		
2		
3		
4		
5		
6		
7		

3. 小组成员及分工

表 2-2-2　小组成员及分工

职位	姓名	分工
组长		
组员 1		
组员 2		
组员 3		
组员 4		

4. 任务要求

在基站机房日常维护时，工程师常常需要用万用表测试一些电气设备的电阻、电压或电流，以确认工作电路是否正常。在本项目中，给出了基站机房中的一块电路板，如图 2-2-8 所示，要求完成以下测量任务。

（1）电阻测量

遵守安全用电的相关规定，测量图 2-2-8 中电路板的电阻 R1、R2、R3、R4、R5，每个电阻

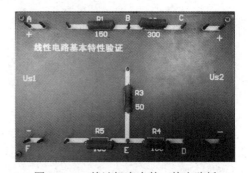

图 2-2-8　基站机房中的一块电路板

测量不少于 5 次，记录测量数据，填写下表求出各电阻的平均值，精确到小数点后 2 位。将测量操作步骤填写到表 2-2-3 中。

表 2-2-3　电阻测量操作步骤

操作步骤序号	操作内容	重难点
1		
2		
3		
4		
5		
6		
7		
8		

将测量值记录在表 2-2-4 中，并对多次测量值求平均。

表 2-2-4　电阻值测量记录

电阻	R1	R2	R3	R4	R5
第 1 次测量结果					
第 2 次测量结果					
第 3 次测量结果					
第 4 次测量结果					
第 5 次测量结果					
平均值					

（2）遵守安全用电的相关规定，用导线将图 2-2-8 中电路的 C、D 点连接起来，将直流电压源连接在电路的 A、F 点，电压分别设置为 10 V DC、20 V DC，测量电阻 R1、R2、R3、R4+R5 上的电压，记录测量数据，并分析测量数据的特征。将测量操作步骤填写到表 2-2-5 中。

表 2-2-5　电压测量操作步骤

操作步骤序号	操作内容	重难点
1		
2		
3		
4		
5		
6		
7		
8		

将测量值记录在表2-2-6中。

表2-2-6 电压值测量记录

直流电压源电压	R1 电压	R2 电压	R3 电压	R4+R5 电压
10 V DC				
20 V DC				

（3）遵守安全用电的相关要求，用导线将图2-2-8中的C、D连接起来，将直流电压源连接在电路的A、F点，电压设置为20 V DC，用万用表测量流过电阻R1、R2、R3、R4、R5的电流值，记录测量数据，并分析总结测量数据的特征。将测量操作步骤填写到表2-2-7中。

表2-2-7 电流测量操作步骤

操作步骤序号	操作内容	重难点
1		
2		
3		
4		
5		
6		
7		
8		

将测量值记录在表2-2-8中。

表2-2-8 电流值测量记录表

直流电压源电压	R1 电流	R2 电流	R3 电流	R4 电流	R5 电流
20 V DC					

（4）遵守实验室安全用电的相关规定，使用万用表的蜂鸣挡，测量并判断一根给定导线的通断。将测量操作步骤填写到表2-2-9中。

表2-2-9 导线通断测量操作步骤

操作步骤序号	操作内容	注意事项
1		
2		
3		
4		
5		
6		
7		

操作结果展示(可以附照片):

(5)遵守实验室安全用电的相关规定,测量并判断带电插座的零、火线。
将测量操作步骤填写到表 2-2-10 中。

表 2-2-10 插座零、火线测量操作步骤

操作步骤序号	操作内容	注意事项
1		
2		
3		
4		
5		
6		

操作结果展示(可以附照片):

仪器仪表的标准操作与技巧

评价总结

1. 自我评价

序号	评价内容	是否达到（1表示达到，0表示未达到）
1	了解万用表的工作原理	
2	了解万用表的分类	
3	熟悉MP18数字万用表的表盘及插孔	
4	熟悉万用表的使用方法	
5	能正确测量电阻，会正确处理测量数据	
6	能正确测量电压，会正确处理测量数据	
7	能正确测量电流，会正确处理测量数据	
8	能用万用表判断导线的通断	
9	能用万用表判断插座的零、火线	
你觉得以上哪个步骤操作最熟练		
在操作过程中，遇到哪些问题，你是如何解决的		
你认为在以后的工作中哪些步骤需要熟练掌握		

2. 小组评价

序号	评价内容	是否完成（1表示完成，0表示未完成）
1	正确测量电气参数（电阻、电压、电流）	
2	正确判断导线通断	
3	正确判断插座的零、火线	
4	团队合作完成	
5	任务按时完成	

3. 教师评价

序号	评价内容	是否完成（1表示完成，0表示未完成）
1	任务质量达标	
2	课程互动参与	
3	5S环境	
4	实验小创新	

项目 2　通信设备的检测与维护

任务 2.3　函数信号发生器的原理与操作

任务思维导图

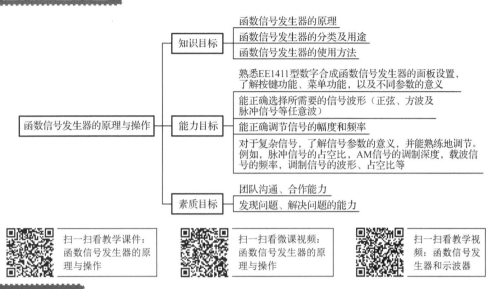

扫一扫看教学课件：函数信号发生器的原理与操作

扫一扫看微课视频：函数信号发生器的原理与操作

扫一扫看教学视频：函数信号发生器和示波器

任务内容

通过完成项目 2 中的任务 2.3，学会使用函数信号发生器生成各类函数波形。

知识准备

点睛：函数信号发生器是一种信号发生装置，能产生某些特定的周期性函数波形（正弦波、方波、三角波、锯齿波和脉冲波等）信号，频率范围可从几个微赫到几十兆赫。除供通信、仪表和自动控制系统测试用外，还广泛用于其他非电测量领域。

2.3.1　函数信号发生器的原理

函数信号发生器是一种信号发生装置，它能产生某些特定的周期性函数波形（正弦波、方波、三角波、锯齿波和脉冲波等）信号，其频率范围可从几微赫到几十兆赫。除在通信、仪表和自动控制等领域的系统测试中常见外，还被广泛应用于其他非电测量的领域。

1. 函数信号发生器的组成

函数信号发生器主要由密勒积分器、施密特触发器、运算放大器和二极管整形网络几部分组成，函数信号发生器的原理如图 2-3-1 所示。

2. 函数信号发生器的工作模式

当输入端输入小信号正弦波时，该信号分成两路进行传输，其中一路为回路，用来完成倍压

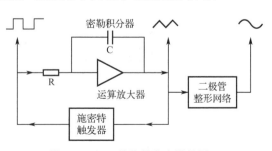

图 2-3-1　函数信号发生器的原理

35

整流功能,提供工作电源;信号从另一路进入反相器的输入端进行电容耦合,完成信号放大功能。该放大信号经后级供电的门电路处理,变成方波后输出,输出端的电阻为可调电阻。

3. 函数信号发生器的工作流程

函数信号发生器的主振级产生低频正弦振荡信号,该信号经过电压放大器进行放大,放大的倍数必须达到电压输出幅度的要求,然后通过输出衰减器输出函数信号发生器实际可以输出的电压,输出电压的大小可以通过主振输出调节电位器进行调节。

2.3.2 信号发生器的分类

1. 根据用途分类

信号发生器按用途可以分为通用信号发生器和专用信号发生器两大类。

通用信号发生器包括正弦信号发生器、脉冲信号发生器、函数信号发生器;专用信号发生器主要是为了某种特殊的测量目的而研制的,包括电视信号发生器、脉冲编码信号发生器等,这类信号发生器的特性是受测量对象的制约。

2. 根据输出波形分类

信号发生器按输出波形可以分为正弦信号发生器、脉冲信号发生器、函数信号发生器和任意波信号发生器等。

3. 根据产生频率的方法分类

信号发生器按其产生频率的方法分为谐振法和合成法两种。

一般传统的信号发生器采用谐振法产生频率,即使用具有频率选择性的电路产生正弦波振荡,以获得所需频率信号。合成法通过频率合成技术来获得所需的频率信号,使用这种技术制成的信号发生器,通常被称为合成信号发生器。

2.3.3 EE1411型合成函数信号发生器

1. 操作面板

EE1411型合成函数信号发生器的电源开关、功能选择区、数字选择区、数字输入旋转器和信号输出接口分别如图2-3-2、图2-3-3、图2-3-4和图2-3-5所示。

图2-3-2 电源开关

项目 2　通信设备的检测与维护

功能选择区　　在对信号进行设置时，应先按下相应的功能键，如波形、频率、幅度、直流偏置键等

图 2-3-3　功能选择区

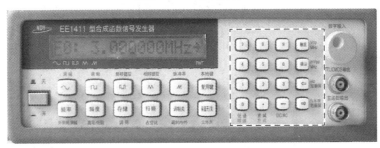

数字选择区　　输入信号的参数值（先按数字，再按单位）

图 2-3-4　数字选择区

数字输入旋转器和信号输出接口　　数字输入旋转器用于连续改变信号的参数值，在实验时使用的信号从主函数输出接口中输出

图 2-3-5　数字输入旋转器和信号输出接口

2．功能操作

开机后，机器的初始信号为正弦波，频率为 3 MHz、幅度为 1 V_{pp}（峰峰值）、无调制状态，正弦波信号图例如图 2-3-6 所示。

按下"幅度功能"按钮，显示器将显示初始信号的信号幅度，信号幅度图例如图 2-3-7 所示。

37

图 2-3-6　正弦波信号图例

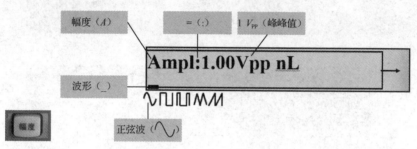

图 2-3-7　信号幅度图例

1）选择波形

按下"波形功能"按钮，显示器将通过下画线的方式显示当前波形，波形的选择（正弦波）如图 2-3-8 所示。

2）选择频率

按下"频率功能"按钮，在数字选择区输入频率值，在输入时注意先输入数字后输入单位，频率的选择如图 2-3-9 所示，图中的输出频率为 3 MHz。

图 2-3-8　波形的选择（正弦波）

3）选择幅度

按下"幅度功能"按钮，在数字选择区中依次输入幅度值，在输入时注意先输入数字后输入单位，幅度的选择如图 2-3-10 所示，图中的输出幅度为 $1\ V_{pp}$。

图 2-3-9　频率的选择

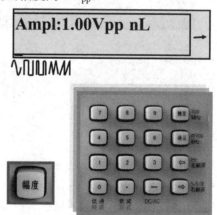

图 2-3-10　幅度的选择

2.3.4 UTG6005L 型函数/任意波形发生器

UTG6005L 型函数/任意波形发生器是一款集函数发生器、任意波形发生器、噪声发生器、脉冲发生器、谐波发生器、模拟/数字调制器、频率计的功能于一体的多功能信号发生器，如图 2-3-11 所示。

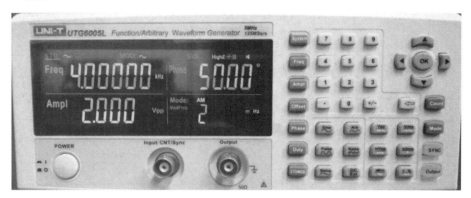

图 2-3-11　UTG6005L 型函数/任意波形发生器

※注：输出连接器须配合输出控制器使用，仅当控制器打开时，输出端才有输出电压。

扫一扫看教学视频：函数信号发生器的使用

能量小贴士：在电子工程、通信工程、自动控制、遥测控制、测量仪器、仪表和计算机等领域，经常需要用到各种各样的信号波形发生器。随着集成电路的迅速发展，用集成电路可很方便地构成各种信号波形发生器。用集成电路实现的信号波形发生器与其他信号波形发生器相比，其波形质量、幅度和频率稳定性等性能指标，都有很大的提高。信号发生器又称信号源或振荡器，在生产实践和科技领域中有着广泛的应用。各种波形曲线均可以用三角函数方程式表示。能够产生多种波形，如三角波、锯齿波、矩形波（含方波），正弦波的电路被称为函数信号发生器。在通信、广播、电视系统，以及工业、农业、生物医学等领域，函数信号发生器在实验和设备检测中具有十分广泛的用途。

闪光时刻：

（1）产生于 20 世纪 20 年代；

（2）20 世纪 40 年代产生了用于测试各种接收机的标准信号发生器，使信号发生器从定性分析的测试仪器发展成定量分析的测试仪器；

（3）1964 年出现第一台全晶体管的信号发生器；

（4）20 世纪 70 年代利用微处理器、A/D 转化器、D/A 转换器产生了比较复杂的波形；

（5）20 世纪 80 年代至今：数字信号发生器时代。

仪器仪表的标准操作与技巧

任务单

1. 任务目标

能够按照预设参数生成几种常见的函数波形。

2. 仪器仪表工具需求单

表 2-3-1 仪器仪表工具需求单

序号	仪器	工具/材料
1		
2		
3		
4		
5		
6		
7		

3. 小组成员及分工

表 2-3-2 小组成员及分工

职位	姓名	分工
组长		
组员 1		
组员 2		
组员 3		
组员 4		

4. 任务要求

（1）输出频率为 1 MHz，峰值为 2 V_{pp} 的正弦波，将操作步骤填入表 2-3-3 中。

表 2-3-3 输出正弦波的操作步骤

操作步骤序号	操作内容	重难点
1		
2		
3		
4		
5		
6		
7		
8		

操作结果展示（可以附照片）：

（2）输出频率为 5.8 kHz，峰峰值为 4.6 V_{pp} 的方波，将操作步骤填入表 2-3-4 中。

表 2-3-4 输出方波的操作步骤

操作步骤序号	操作内容	重难点
1		
2		
3		
4		
5		
6		
7		
8		

（3）操作结果展示（可以附照片）：

附加题：

加直流偏置：给上述（1）、（2）中的波形分别加上 2 V 的直流偏置，观察波形变化。

（4）输出频率为 3.2 kHz，最大值为 6.9 V，直流偏置为 0.5 V 的正弦波，将操作步骤填入表 2-3-5 中。

表 2-3-5 输出正弦波的操作步骤

操作步骤序号	操作内容	注意事项
1		
2		
3		
4		
5		
6		

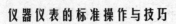

操作结果展示（可以附照片）：

项目 2 通信设备的检测与维护

评价总结

1. 自我评价

序号	评价内容	是否达到（1表示达到，0表示未达到）
1	了解函数信号发生器的原理	
2	了解函数信号发生器的分类及用途	
3	熟悉函数信号发生器的使用方法	
4	熟悉EE1411型数字合成函数信号发生器的面板设置	
5	了解按键功、菜单功能，以及不同参数的意义	
6	熟练完成常见参数（频率、幅度、相位）的设定	
你觉得以上哪项内容操作最熟练		
在操作过程中，遇到哪些问题，你是如何解决的		
你认为在以后的工作中哪些内容会要求熟练掌握		

2. 小组评价

序号	评价内容	是否完成（1表示完成，0表示未完成）
1	正确调制信号参数	
2	团队合作完成	
3	任务按时完成	

3. 教师评价

序号	评价内容	是否完成（1表示完成，0表示未完成）
1	任务质量达标	
2	课程互动参与	
3	革新思路/附加任务完成情况	
4	5S环境	

任务 2.4 示波器的功能与操作

任务思维导图

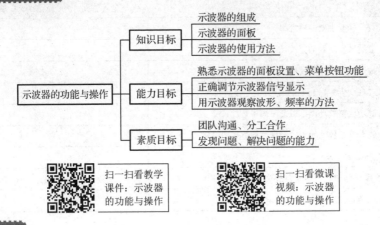

任务内容

通过完成项目 2 任务 2.4，学会使用示波器观察、分析信号的波形及其主要参数。

知识准备

点睛：示波器是通信专业中经常会用到的仪器之一，它的主要功能是精确地再现时间和电压幅度的函数波形。用它可以即时地观察电压幅度相对时间的变化情况，从而获得波形的质量信息，如幅度和频率、波形、不同波形的时间和相位的关系。本节将对示波器的基本操作进行介绍，同时也会介绍如何输出常见信号波形，测量信号电压的峰峰值。

2.4.1 示波器的基本功能与校正

示波器由显示区和功能按键区两大部分构成，示波器显示区如图 2-4-1 所示。

图 2-4-1 示波器显示区

示波器的主要功能可以分为垂直偏向功能、水平偏向功能和触发功能 3 种，示波器功能按键区如图 2-4-2 所示。

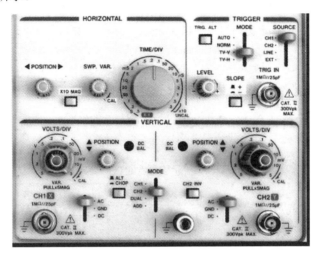

图 2-4-2　示波器功能按键区

1. 示波器主要功能

1）垂直偏向功能

示波器的垂直偏向功能如表 2-4-1 所示。

表 2-4-1　示波器的垂直偏向功能

按钮/端子	名　　称	功　　能	
VOLTS/DIV	垂直幅度衰减选择钮	通过此钮选择 CH1 及 CH2 的输入信号衰减幅度，范围为 5 mV/DIV～5 V/DIV，共 10 挡	
AC-GND-DC	输入信号耦合选择按键组	AC	垂直输入信号电容耦合，截止直流或极低频信号的输入
		GND	在选择此功能时将隔离信号输入，并将垂直幅度衰减器的输入端接地，使之产生一个零电压参考信号
		DC	垂直输入信号直流耦合，将 AC 与 DC 信号一起输入放大器
CH1（X）	CH1 的垂直输入端	在 X-Y 模式中，为 X 轴的信号输入端	
VAR.PULL×5MAG	灵敏度微调控制旋钮	该旋钮至少须调至显示值的 1/2.5。在 CAL 位置时，灵敏度即为挡位显示值；当此钮拉出至 ×5 MAG 状态时，垂直放大器灵敏度变为原来的 5 倍	
CH2（Y）	CH2 的垂直输入端	在 X-Y 模式中，为 Y 轴的信号输入端	
POSITION ⬍	轨迹及光点的垂直位置调整钮	调整轨迹及光点的垂直位置	
VERTICAL MODE	CH1 及 CH2 垂直操作模式选择器	CH1	设定本示波器以 CH1 单一频道方式工作
		CH2	设定本示波器以 CH2 单一频道方式工作
		DUAL	设定本示波器以 CH1 及 CH2 双频道方式工作，此时可通过 ALT/CHOP 按键切换模式显示两轨迹
		ADD	当 CH2 INV 键为默认状态时，显示 CH1 及 CH2 的相加信号；当 CH2 INV 键为按下状态时，即可显示 CH1 及 CH2 的相减信号

续表

按钮/端子	名 称	功 能
ALT/CHOP	交替/断续选择按键	在处于双频道模式时,松开此键（ALT 模式）,CH1 和 CH2 输入信号的轨迹将以交替扫描的方式轮流显示。在处于双轨迹模式时,按下此键（CHOP 模式）,CH1 和 CH2 输入信号将以断续方式显示
CH2 INV	CH2 输入信号极性反相按键	在按下此键时,CH2 的信号将会被反相输出。CH2 在 ADD 模式下输入信号时,CH2 触发的信号也会被反相输出

2）水平偏向功能

示波器的水平偏向功能如表 2-4-2 所示。

表 2-4-2　示波器水平偏向功能

按钮/端子	名 称	功 能
TIME/DIV	扫描时间选择钮	扫描范围为 0.2～0.5 s/DIV,共 20 个挡位;当选择至 X-Y 挡时,示波器进入 X-Y 模式
SWP.VAR.	扫描时间的可变控制旋钮	若在按下此控制旋钮的同时旋转该钮,扫描时间可至少延长为指示数值的 2.5 倍;若未按下控制旋钮,指示数值将被校准
×10 MAG	水平放大键	按下此键可将示波器的扫描速度提高 10 倍,波形将在水平方向上被放大 10 倍
◀ POSITION ▶	轨迹及光点的水平位置调整钮	通过此钮可调整轨迹及光点的水平位置

3）触发功能

示波器的触发功能如表 2-4-3 所示。

表 2-4-3　示波器的触发功能

按钮/端子	名 称	功 能	
SLOPE	触发斜率选择键	+	在凸起时为正斜率触发功能,当信号正向通过触发准位时进行触发
		−	在压下时为负斜率触发功能,当信号负向通过触发准位时进行触发
TRIG-IN	TRIG-IN 输入端子		此端子可输入外部触发信号。在使用此端子前,须先将 SOURCE 选择器置于 EXT 位置
TRIG. ALT	触发源交替设定键		当 VERTICAL MODE 选择器在 DUAL 或 ADD 位置,且 SOURCE 选择器在 CH1 或 CH2 位置时,按下此键,本仪器将自动设定 CH1 与 CH2 的输入信号并以交替的方式轮流作为内部触发信号源
SOURCE	触发信号源选择器	CH1	当 VERTICAL MODE 选择器在 DUAL 或 ADD 位置时,以 CH1 输入端的信号作为内部触发源
		CH2	当 VERTICAL MODE 选择器在 DUAL 或 ADD 位置时,以 CH2 输入端的信号作为内部触发源
		LINE	选择交流电源作为触发信号
		EXT	将 TRIG-IN 端子输入的信号作为外部触发信号源
TRIGGER MODE	触发模式选择开关	AUTO	当没有触发信号或触发信号的频率小于 25 Hz 时,扫描产生器会自动产生扫描线
		NORM	当没有触发信号时,扫描将处于预备状态,屏幕上不会显示任何轨迹。本功能主要用于观察频率小于等于 25 Hz 的信号

续表

按钮/端子	名 称		功 能
TRIGGER MODE	触发模式选择开关	TV-V	用于观测在电视信号中的垂直画面信号
		TV-H	用于观测在电视信号中的水平画面信号
LEVEL	触发准位调整钮		旋转此钮可同步波形,并设定该波形的起始点。将旋钮向"+"方向旋转,触发准位会向上移;将旋钮向"-"方向旋转,触发准位会向下移

4) X-Y 模式操作说明

将"TIME/DIV"旋钮调至 X-Y 模式,本仪器便可作为 X-Y 示波器,其输入端关系如表 2-4-4 所示。

表 2-4-4 输入端关系

信 号 类 型	输入端类型
X 轴(水平轴)信号	CH1 输入端
Y 轴(垂直轴)信号	CH2 输入端

X-Y 模式可以使示波器在无扫描的情况下进行较多的测量应用,能够使仪器显示 X 轴(水平轴)与 Y 轴(垂直轴)两端的输入电压,就如同向量示波器可以显示影像彩色条状图形一般。假如能够利用转换器将任何特性(频率、温度、速度等)转换为电压信号,那么在 X-Y 模式下,示波器几乎可以显示任何动态特性的曲线图形。但当示波器应用于频率响应测量时,Y 轴必须设置为信号峰峰值,而 X 轴必须设置为频率值。

2. 探棒校正

探棒会造成较大范围的信号衰减,因此,如果没有适当的相位补偿,所显示的波形可能会因为失真而造成测量错误。在使用探棒之前,需要按照下列步骤进行相位补偿,如图 2-4-3 所示。

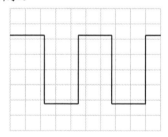　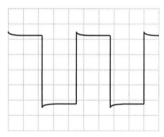　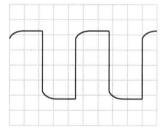

(a) 正确补偿　　　　　　　(b) 过度补偿　　　　　　　(c) 补偿不足

图 2-4-3 相位补偿

具体步骤如下:

(1) 将探棒的 BNC 接头连接至示波器 CH1 或 CH2 的输入端,并将探棒上的开关置于×10 的位置。

(2) 将 VOLTS/DIV 钮旋转至 50 mV 的位置。

(3) 将探棒连接至校正电压输出端 CAL 处。

(4) 调整探棒上的补偿螺钉,直到示波器出现最佳、最平坦的方波为止。

2.4.2 示波器的操作步骤

1. 单频道基本操作法

在连接电源插头之前,务必确认电源电压选择器已调至适当的位置。确认之后,按照面

扫一扫看微课视频:示波器的操作

板按键说明依次设定各旋钮及按键,面板按键说明如表 2-4-5 所示。

表 2-4-5 面板按键说明

项　　目	设　　定	项　　目	设　　定
POWER	OFF 状态	AC-GND-DC	GND
INTEN	中央位置	SOURCE	CH1
FOCUS	中央位置	SLOPE	凸起(+斜率)
VERTICAL MODE	CH1	TRIG.ALT	凸起
ALT/CHOP	凸起(ALT)	TRIGGER MODE	AUTO
CH2 INV	凸起	TIME/DIV	0.5 ms/DIV
POSITION⇅	中央位置	SWP.VAR.	顺时针转到 CAL 位置
VOLTS/DIV	0.5 V/DIV	◀ POSITION ▶	中央位置
×10 MAG	凸起		

设定完成后,接通电源,继续进行下列步骤:

(1) 按下电源开关,并确认电源指示灯亮起。约 20 s 后显示屏上应出现一条轨迹,若在 60 s 后仍未有轨迹出现,要检查以上各项设定是否正确。

(2) 转动 INTEN 及 FOCUS 钮,调整出适当的轨迹亮度及清晰度。

(3) 调节 CH1 POSITION 和 TRACE ROTATION 钮,使轨迹与中央水平刻度线平行。

(4) 先将探棒连接 CH1 输入端,再将探棒连接 2 V_{pp} 校准信号端子。

(5) 将 AC-GND-DC 钮置于 AC 位置,此时,显示屏上会显示单频道输出波形,如图 2-4-4 所示。

(6) 调整 FOCUS 钮,使轨迹更加清晰。

(7) 若想观察细微部分,可通过调整 VOLTS/DIV 和 TIME/DIV 钮显示更加清晰的波形。

(8) 调整 POSITION⇅ 及 ◀ POSITION ▶ 钮,使波形与刻度线齐平,并使电压峰峰值(V_{pp})及周期(T)易于读取。

2. 双频道基本操作法

双频道操作法与单频道操作的步骤大致相同,按照下列说明略修改即可。

(1) 将 VERTICAL MODE 钮置于 DUAL 位置。此时,显示屏上应有两条扫描线,CH1 的轨迹为校准信号的方波;CH2 因尚未连接信号,轨迹呈一条直线。

(2) 将探棒连接 CH2 输入端,并将探棒连接 2 V_{pp} 校准信号端子。

(3) 将 AC-GND-DC 钮置于 AC 位置,调整 POSITION⇅ 钮,使双频道输出波形如图 2-4-5 所示。

当 ALT/CHOP 钮凸起,仪器处于 ALT 模式时,CH1 和 CH2 的输入信号将以交替扫描的方式轮流显示,一般适用于扫描速度较快的挡位;当按下 ALT/CHOP 键,处于 CHOP 模式时,CH1 和 CH2 的输入信号将以频率大约 250 kHz 的断续方式显示在屏幕上,一般适用于扫描速度较慢的挡位。在双轨迹(DUAL 或 ADD)模式中操作时,SOURCE 钮必须拨向 CH1 或 CH2 位置,选择其中之一作为触发源。若 CH1 及 CH2 的信号同步,两者的波形都是稳定的;若信号不同步,则仅选择器设定触发源的波形是稳定的,此时,若按下 TRIG.ALT 键,

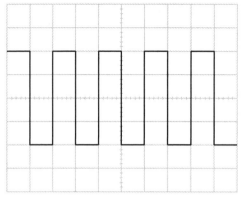

图 2-4-4 单频道输出波形

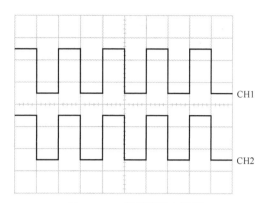

图 2-4-5 双频道输出波形

两个波形都将同步稳定地显示。

3. ADD 操作

将 MODE 钮置于 ADD 位置时，将显示 CH1 和 CH2 的信号之和；按下 CH2 INV 键后，将显示 CH1 和 CH2 的信号之差。为获得正确的计算结果，在操作前应先通过 VAR.PULL×5MAG 钮将两个频道的精确度调成一致。任意频道的 POSITION♦ 钮均可调整波形的垂直位置，但为维持垂直放大器的线性特征，最好将两个旋钮都置于中央位置。

4. 触发操作

触发操作是操作示波器时非常重要的内容，依照以下步骤进行。

1）MODE（触发模式）操作

触发模式分为"AUTO""NORM""TV-V""TV-H"4 种模式。在"AUTO"模式时，即使没有输入触发信号，仪器也会自动产生扫描线；在"NORM"模式时，在有输入触发信号的情况下，仪器会产生扫描线；"TV-V"模式为垂直图场观测模式，"TV-H"模式为水平图场观测模式。触发模式功能说明如表 2-4-6 所示。

表 2-4-6 触发模式功能说明表

名 称	功 能
AUTO	当 TRIGGER MODE 钮在 AUTO 位置时，示波器将以自动扫描的方式进行操作。在这种模式之下即使没有输入触发信号，扫描产生器仍会自动产生扫描线，在输入触发信号后，仪器将自动进入触发扫描模式工作。一般来说，在初次设定面板时，AUTO 模式可以轻易地得到扫描线。在设定完成后，可通过将 TRIGGER MODE 钮设定至 NORM 位置来获得更高的灵敏度。AUTO 模式一般在直流测量及信号振幅低到无法触发扫描的情况下使用
NORM	当 TRIGGER MODE 钮在 NORM 位置时，示波器将以正常扫描的方式进行操作，在输入触发信号并调整 TRIGGER LEVEL 钮通过触发准位时，将产生一次扫描线；若没有输入触发信号，将不会产生扫描线。在双轨迹操作时，若同时设定 TRIG.ALT 及 NORM 扫描模式，除非 CH1 及 CH2 均被触发，否则不会有扫描线产生
TV-V	当 TRIGGER MODE 钮在 TV-V 位置时，将触发 TV 垂直同步脉冲以便于观测 TV 垂直图场或图框的电视复合影像信号。当水平扫描时间设定为 2 ms/DIV 时适合观测影像图场信号，水平扫描时间设定为 5 ms/DIV 时适合观测一个完整的影像图框（两个交叉图场）

续表

名称	功能
TV-H	当TRIGGER MODE钮在TV-H位置时，将触发TV水平同步脉冲以便于观测TV水平线的电视复合影像信号。水平扫描时间一般设定为10 μs/DIV，并可通过转动SWP.VAR.控制钮来显示更多的水平线波形

2）TRIGGER LEVEL（触发准位）及SLOPE（斜率）操作

TRIGGER LEVEL 旋钮可用来调整触发准位以显示稳定的波形。当触发信号通过所设定的触发准位时将会触发扫描，并在屏幕上显示波形。将旋钮向"+"方向旋转，触发准位会向上移动；将旋钮向"−"方向旋转，触发准位会向下移动；当旋钮转至中央时，触发准位大约会在中间位置。调整 TRIGGER LEVEL 旋钮可以将在波形中的任何一点设定为扫描线的起始点，以正弦波为例，可以通过调整起始点来改变波形的相位。但假如转动 TRIGGER LEVEL 旋钮超出"+"或"−"的设定值，在 NORM 触发模式下将不会有扫描线出现，因为触发准位已经超出了同步信号的峰值电压。当 SLOPE 旋钮设定在"+"位置时，扫描线将在通过触发准位时在触发同步信号的正斜率方向上出现，当 SLOPE 旋钮设定在"−"位置时，扫描线将在通过触发准位时在触发同步信号的负斜率方向上出现。

3）TRIG.ALT（交替触发）操作

TRIG.ALT 设定键一般使用于双波形并以交替模式进行显示时，该功能可以通过交替同步触发来产生稳定的波形。在此模式下，CH1 与 CH2 会轮流作为触发源信号产生扫描。此项功能非常适合用来比较不同信号源周期或频率间的关系，但要注意，此功能不能用来测量相位或时间差。当示波器在 CHOP 模式时，禁止按下 TRIG.ALT 键，并应切换至 ALT 模式或选择 CH1 与 CH2 作为触发源。

5. TIME/DIV 操作

此旋钮可用来控制所要显示波形的周期数，假如所显示的波形太过于密集，则可将此旋钮旋转至扫描速度较快的挡位；假如所显示的波形太过于稀疏，或呈一直线，则可将此旋钮旋转至扫描速度较低的挡位，以显示完整的周期波形。

6. 扫描放大

若想将波形的某一部分放大，则需要使用扫描速度较快的挡位，如果在放大部分中包含了扫描的起始点，则该部分将会超出显示屏。在这种情况下，按下×10 MAG 键，即可以屏幕中央作为放大中心，将波形在水平方向上放大10倍。

能量小贴士：利用示波器所做的任何测量，都可以归结为对电压的测量。示波器可以测量各种波形的电压幅度，既可以测量直流电压和正弦电压，又可以测量脉冲或非正弦电压的幅度。更有用的是它可以测量一个脉冲电压波形各部分的电压幅值，如上冲量或顶部下降量等。这是其他任何电压测量仪器都不能比拟的。

项目 2　通信设备的检测与维护

> 任务单

1. 任务目标

能够按照预设参数生成几种常见的函数波形。

2. 仪器仪表工具需求单

表 2-4-7　仪器仪表工具需求单

序号	仪器	工具/材料
1		
2		
3		
4		
5		
6		
7		

3. 小组成员及分工

表 2-4-8　小组成员及分工

职位	姓名	分工
组长		
组员 1		
组员 2		
组员 3		
组员 4		

4. 任务要求

（1）结合函数信号发生器输出频率为 1 MHz，峰值为 2 V_{pp} 的正弦波，调整示波器的正确显示图形，将操作步骤填入表 2-4-9 中。

表 2-4-9　输出正弦波的操作步骤

操作步骤序号	操作内容	重难点
1		
2		
3		
4		
5		
6		
7		

续表

操作步骤序号	操作内容	重难点
8		
9		

操作结果展示（可以附照片）：

（2）结合函数信号发生器输出频率为 5.8 kHz，峰峰值为 4.6 V_{pp} 的方波，调整示波器的正确显示图形，将操作步骤填入表 2-4-10 中。

表 2-4-10　输出方波的操作步骤

操作步骤序号	操作内容	重难点
1		
2		
3		
4		
5		
6		
7		
8		

操作结果展示（可以附照片）：

评价总结

1. 自我评价

序号	评价内容	是否达到（1表示达到，0表示未达到）
1	了解示波器的组成	
2	了解示波器的主要功能	
3	熟悉示波器的使用方法	
4	熟悉示波器的面板设置	
5	了解按键功、菜单功能，以及不同参数的意义	
你觉得以上哪项内容操作最熟练		
在操作过程中，遇到哪些问题，你是如何解决的		
你认为在以后的工作中哪些内容会要求熟练掌握		

2. 小组评价

序号	评价内容	是否完成（1表示完成，0表示未完成）
1	正确调制信号参数	
2	团队合作完成	
3	任务按时完成	

3. 教师评价

序号	评价内容	是否完成（1表示完成，0表示未完成）
1	任务质量达标	
2	课程互动参与	
3	革新思路/附加任务完成情况	
4	5S环境	

任务 2.5 GPS 测量仪的操作与应用

任务思维导图

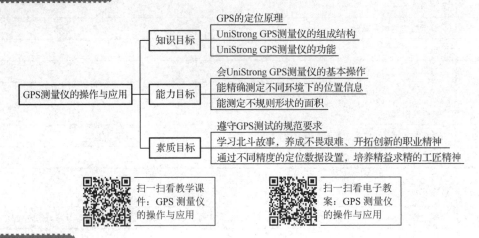

任务内容

通过完成项目 2 任务 2.5，学会使用手持 GPS 测量仪测量基站的经、纬度和海拔高度。

知识准备

在基站勘察、维护工程项目中，基站的经纬度、天线高度等参数是非常重要的数据，工程中通常采用手持 GPS 测量设备进行基站位置、挂高参数的测量，本项目通过介绍手持 GPS 测量仪的结构、工作原理、测试操作步骤等帮助读者掌握基本 GPS 测量仪的操作技巧。

点睛： 卫星导航系统是一种以人造地球卫星为基础的高精度无线电导航的定位系统，它在全球任何地方及近地空间都能够提供准确的地理位置、车行速度及精确的时间信息。全球卫星导航系统不仅广泛应用于车辆导航、船舶导航、飞机导航、应急反应、大气物理观测、地球物理资源勘探、工程测量、变形监测、市政规划控制等民用领域，也在导弹制导、目标攻击、军用无人机控制等军事领域占据重要地位。因此，卫星导航系统是重要的空间基础设施，是事关民生的大国重器，建设独立自主的全球卫星导航系统对一个国家而言，不仅影响到经济的发展，对国家安全也有重要意义。

2.5.1 GPS 的基本工作原理

扫一扫看北斗卫星导航系统新闻视频

1. 全球导航系统介绍

目前，全世界有四个全球卫星导航系统，分别是美国的全球定位系统（Global Positioning System，GPS）、欧盟的伽利略卫星导航系统（Galileo satellite navigation system，GALILEO）伽利略系统、俄罗斯格洛纳斯卫星导航系统（Global Navigation Satellite system，GLONASS）和中国的北斗卫星导航系统（BeiDou Navigation Satellite System，BDS）。

在我国应用比较广泛的是 GPS 和北斗卫星导航系统。20 世纪 70 年代，美国国防部为了给陆、海、空三大领域提供实时、全天候和全球性的导航服务，并进行情报收集、核爆监测和应急通信等一些军事目的，开始研制"导航卫星定时和测距全球定位系统"，简称全球定位系统。1973 年，美国国防部开始设计、试验。1989 年 2 月 4 日，第一颗 GPS 卫星发射成功，到 1993 年年底建成了实用的 GPS 网，并开始投入商业运营。经过 20 余年的研究实验，耗资 300 亿美元，到 1994 年 3 月，全球覆盖率高达 98%的 24 颗 GPS 卫星已经布设完成。

北斗卫星导航系统（以下简称北斗系统）是中国着眼于国家安全和经济社会发展需求，自主建设、独立运行的卫星导航系统，是为全球用户提供全天候、全天时、高精度的定位、导航和授时服务的国家重要空间基础设施。我国自 20 世纪 80 年代开始探索适合国情的卫星导航系统发展道路，形成了"三步走"发展战略：2000 年年底，建成北斗一号系统，为中国提供服务；2012 年年底，建成北斗二号系统，为亚太地区提供服务；2020 年，建成北斗三号系统，为全球提供服务。2020 年 6 月 23 日，我国在西昌卫星发射中心用长征三号乙运载火箭，成功发射北斗系统第五十五颗导航卫星，即北斗三号最后一颗全球组网卫星。参与北斗系统建设的 400 多家单位、30 余万名科研人员共同谱写了一曲大联合、大团结、大协作的交响曲，孕育了"自主创新、开放融合、万众一心、追求卓越"的新时代北斗精神。

随着北斗系统建设和服务能力的发展，相关产品已广泛应用于交通运输、海洋渔业、水文监测、气象预报、测绘地理信息、森林防火、通信时统、电力调度、救灾减灾、应急搜救等领域，逐步渗透到人类社会生产和生活的方方面面，为全球经济和社会发展注入新的活力。

本项目是在校园 5G 基站场景下，培养学生使用手持 GPS 测量仪精确测定基站位置和海拔高度，并记录数据的技能训练。

扫一扫看动画：GPS 定位

2. 定位的基本原理

全球定位系统（GPS）是由美国研究和发展的，它是一个中距离圆形轨道卫星导航系统，使用者能利用该导航系统进行测时和测距。整个 GPS 系统可以分为 3 个部分。

（1）太空卫星部分：由 24 颗绕极卫星组成，分布在 6 个轨道上，运行在距地表约 20 200 km 的上空，绕行地球一周用时约 12 小时。每个卫星均持续发射带有卫星轨道资料及时间信息的无线电波，供地球上的使用者接收机使用。

（2）地面控制部分：地面控制站是为追踪和控制绕极卫星的运转轨迹而设立的，其主要工作是修正与维护使卫星能保持正常运转的各项参数资料，以确保每个卫星都能给接收机提供正确的信息。

（3）使用者接收机部分：使用者接收机能够通过追踪 GPS 卫星信号即时计算出接收机所在位置的坐标、移动速度和时间信息，北京合众思壮科技股份有限公司的 UniStrong GPS 测量仪即属于使用者接收机。

计算原理：每颗卫星在运行时，在任意时刻都有一个坐标值表示其位置（已知值），接收机所在的位置坐标为未知值，卫星信号在传送过程中所耗费的时间可由卫星时钟与接收机内的时钟计算得出，将此时间差值乘以电波的传送速度（一般定为光速）可以计算出卫星与接收机之间的距离，这样就可以列出一个相关的方程式。一般我们使用的接收机就是利用上述原理计算出所在位置的坐标资料的，每接收一颗卫星的信号就可以列出一个相关的方程，因此在收到 3 颗卫星的信号后，便可计算出平面坐标（经纬度）值，收到 4 颗卫星的信号便可以计算出高度值，收到 5 颗以上的卫星信号即可提高位置信息的准确度，这就是 GPS 定位

的基本原理。一般来说，使用者接收机的坐标是实时更新的，接收机会自动、不断地接收卫星信号，并及时地计算出接收机所在位置的坐标信息。

3. 使用环境的限制

由于卫星在相当高的运行轨道中工作，其传送的信号强度较为微弱，因此在使用接收机时须注意下列事项。

（1）应在室外及开阔度较佳的地方使用，否则大部分的卫星信号将被建筑物、金属遮盖物、浓密树林等物体阻挡，接收机将无法获得足够的卫星数据来计算出其所在位置的坐标信息。

（2）请勿在电磁波频率为 1.575 GHz 左右的强电波环境下使用，因为此环境容易将卫星信号遮盖，造成接收机无法获得足够的卫星数据从而无法计算出位置信息的情况，尤其在高压电塔下方时，更无法获得数据。

（3）GPS 所计算出的高度值并非海拔高度及气压计测量的飞行高度，其原因在于 GPS 所使用的海平面基准点与气压计不同，因此在使用时需要注意。

4. 导航的基本原理

GPS 的基本应用就是导航与定位，定位原理在上文已讲过，而导航的基本原理就是利用定位所求出的位置信息进行计算。测量仪所计算出的任何一个时刻的坐标信息，在 GPS 测量仪里都称为一个航点，每个航点都代表一个坐标值。对于比较重要的航点，我们可以把它储存在测量仪内，并为其起一个名字，以便于对其进行辨别。由于在地球表面上的任何位置都可以用相应的坐标值来表示，所以只需要知道两个不同航点的坐标信息，测量仪就可以马上计算出两个航点间的直线距离、相对方位及接收机的航行速度，这就是 GPS 导航的原理。

假如我们在南京市，希望往南旅行，第一个目的地是南昌市，第二个目的地是深圳市。其中每个目的地都是一个航点，航点与航点间的行程被称为航段，从起点按照顺序经过各点直至终点的整个行程我们称为航线或路径。

我们只要事先将各点的坐标信息利用地图或查询相关资料等方式储存在 GPS 测量仪内，就可建立许多航点信息，并利用 GPS 测量仪的导航功能进行各航段间的导航。在进行导航时，为避免行进方向偏移太大，GPS 测量仪提供了航线偏差的指示功能，当在行进过程中偏离原有航道时，GPS 测量仪就会自动提示我们，这就是航线偏差功能。

由此可知，要想使用 GPS 测量仪的导航功能，首先要建立航点的资料并将其储存在测量仪内，这样一来，无论是进行航点与航点之间的导航，还是编辑一条航线，就都可以直接使用测量仪内储存的航点资料了。也可以说，航点是 GPS 测量仪导航功能所需要的最基本的资料。

2.5.2　UniStrong GPS 测量仪的操作

1. UniStrong GPS 测量仪的按键功能

UniStrong GPS 测量仪的按键功能示意如图 2-5-1 所示，具体功能如下。

（1）"电源/截图"键：长按进行开机/关机操作，在打开截图功能后，短按可进行屏幕截图。

项目 2　通信设备的检测与维护

（2）"放大缩小/背光调节"键：在地图界面时，按此键可放大和缩小当前地图；在非地图界面时，按此键可以增强或减弱屏幕背光。

（3）"菜单"键：在任意界面时按此键可调出相关的菜单选项，连续按两次此键即返回主菜单界面。

（4）"翻页/退出"键：按此键可在预设的界面之间进行切换，如需进入二级界面，也可以按此键。

（5）"摇杆/航点快捷采集"键：通过此键可向上、下、左、右 4 个方向移动，短按摇杆中键为确认，长按摇杆中键进行航点快捷采集操作。

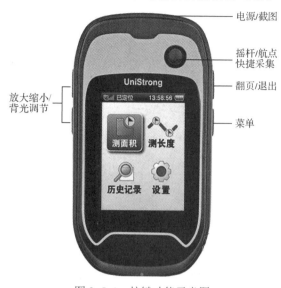

图 2-5-1　按键功能示意图

2. 电池及 SD 卡的安装

北京合众思壮科技股份有限公司有多个系列的移动终端导航系统，包括常用的 G1、G6、G7 系列产品，本教材以 G1 系列产品为例介绍 GPS 测量仪的各项主要功能。G1 系列测量仪需要 2 节 5 号电池或专用锂电池进行供电，仪器设有备用电池，在更换电池时，存储的数据不会丢失。

将仪器后盖的圆形金属扣拉起并逆时针旋转 90°，然后拉起仪器后盖，将 Micro SD 卡插入，如图 2-5-2 所示。再按照电池仓内的正负极标志安装 5 号电池，电池的安装示意如图 2-5-3 所示。在安装电池后，合上仪器后盖，顺时针旋转圆形金属扣，锁紧仪器后盖。电池的电量将在"主界面"右上部分的状态信息栏中显示。

※注：Micro SD 卡等同于 TF 卡。

3. 数据传输

将数据传输电缆的 Mini USB 接口一端连接设备，另一端连接 PC 端的 USB 接口，在 PC 端安装驱动和 Gis Office 软件后，仪器便可与 PC 端建立通信连接。可以通过 Gis Office 软件进行设备的数据下载或上传等操作，详细操作可参阅 Gis Office 软件的使用说明。

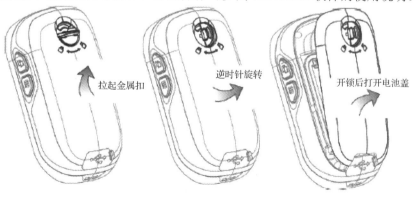

图 2-5-2　Micro SD 卡的安装

仪器仪表的标准操作与技巧

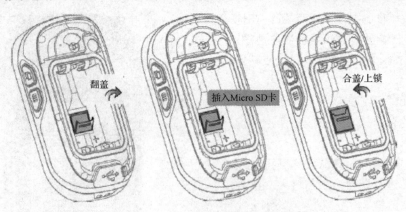

图 2-5-2　Micro SD 卡的安装（续）

4. 电源的开启及关闭

在关机状态下，长按"电源/截图"键约 6 s 至屏幕有显示即可松手，仪器开机后，默认进入"主菜单"界面。在开机状态下，长按"电源/截图"键约 6 s 后至屏幕无显示，仪器关闭，如图 2-5-3 所示。

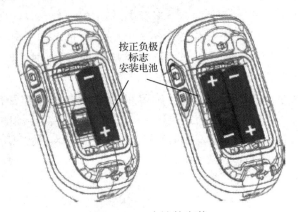

图 2-5-3　电池的安装

5. 背光调节

在仪器的非地图界面中短按"放大缩小/背光调节"键弹出背光调节界面，然后通过"摇杆/航点快捷采集"或"放大缩小/背光调节"键将背光调节至合适亮度，再按"翻页/退出"键返回相应的功能页面。

2.5.3　UniStrong GPS 测量仪的主要界面说明

开机后首先进入欢迎界面，然后进入 G1 系列测量仪的主菜单界面。在 G1 系列测量仪的主菜单中共有 9 个功能按键，分别是标定航点、航点管理、航线管理、航迹管理、地图、工具、数据查找、面积测量和设置，如图 2-5-4 所示。使用者可以通过"摇杆/航点快捷采集"键选择不同的功能按键。

在主菜单界面最上方的浅底色条为主菜单信息栏，信息栏的图标从左到右依次表示电池电量、定位状态、方位指针和当前时间，如图 2-5-5 所示。

电池电量：显示当前剩余电量，如电池前方出现"H"字样，说明仪器使用的是锂电池。

定位状态：当显示红色叉图案时，说明仪器未定位；当显示信号强度图案时，说明仪器已定位；若在信号状态前显示"D"字样，说明仪器处于 SBAS 差分定位模式。

方位指针：在默认状态下，以上方为北方，指针指向仪器前方。

当前时间：实时显示当前时间信息。

图 2-5-4　主菜单界面

图 2-5-5　主菜单信息栏

G1 系列测量仪默认有主菜单和星历（卫星视图界面）2 个界面，可以通过"翻页/退出"键进行切换。可以通过"主菜单—设置—界面顺序"的步骤添加或删减界面及调整界面之间的顺序，如图 2-5-6 所示。仪器可以添加导航、地图、工具、设置等最多 6 个界面。

卫星视图界面共分为 3 个区域，从上到下分别显示 GNSS 定位坐标、卫星分布情况和卫星信号强度。GPS、北斗、GLONASS（简称 GL）的卫星视图界面分别如图 2-5-7、图 2-5-8 和图 2-5-9 所示。

※注：GNSS 的全称是全球导航卫星系统（Global Navigation Satellite System），它是对北斗、GPS、GALILEO 等多个卫星导航定位系统的统称。

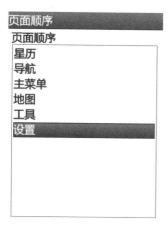

图 2-5-6　页面顺序界面

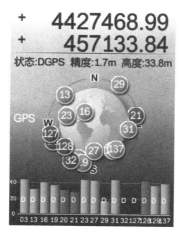

图 2-5-7　GPS 卫星视图界面

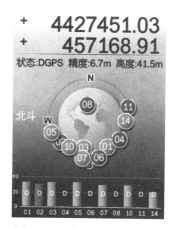

图 2-5-8　北斗卫星视图界面

在卫星视图界面上方的区域中，显示当前卫星定位坐标界面，如图 2-5-10 所示。

在卫星视图界面中间的区域中，显示当前搜索卫星的情况，仪器将在当前位置能收到 GNSS 卫星信号的卫星以其编号的形式在分布图中进行显示。在卫星分布情况中，内圆圈表示地平线，外圆圈表示高度角为45°的位置。此外，在外圈上还标示了星图的方向。

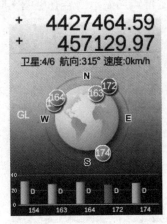

图2-5-9　GL卫星视图界面

图2-5-10　卫星定位坐标界面

在卫星视图界面下方的区域中，显示当前卫星信号的强度，信号强度将以竖条的形式显示在各卫星编号上面，信号越强竖条就越长，如图2-5-11所示。

按"摇杆/航点快捷采集"的确定键，视图会在GPS、北斗、GL几个卫星分布界面图中进行切换，若左方显示"GPS"字样，则表示该视图为GPS卫星的状况及分布图，如图2-5-12所示。

若左方显示"北斗"字样，则表示该视图为北斗卫星的状况及分布示意图，如图2-5-13所示。

若左方显示"GL"字样，则表示该视图为GLONASS卫星的状况及分布图，如图12-14所示。

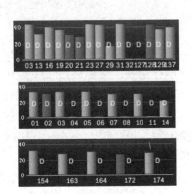

图2-5-11　卫星信号的强度示意图

图2-5-12　GPS卫星的状况及分布图

图2-5-13　北斗卫星的状况及分布图

图中红色卫星表示卫星可见但无用，绿色卫星表示卫星可用（教材为单色印刷，未完全反映原图颜色）。

按"摇杆/航点快捷采集"的右方向键可切换标志栏，如图2-5-15所示。其中各状态的含义如下。

（1）状态：此处会显示"NO""3D"或"DGPS"等字样，"NO"字样表示仪器未定位，"3D"字样表示仪器为单点定位，"DGPS"字样表示仪器为SBAS差分定位。

（2）精度：显示仪器在当前状态下GNSS的定位精度。

项目 2　通信设备的检测与维护

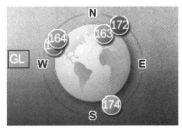

图 2-5-14　GLONASS 卫星的状况及分布图　　　图 2-5-15　标志栏示意图

（3）高度：显示仪器在当前位置的高度值。

（4）卫星：显示卫星的可见、可用情况，如 4/6 则表示 6 颗卫星可见，4 颗卫星可用。

（5）航向：显示仪器当前的运动方向。

（6）速度：显示仪器当前的运动速度。

2.5.4　UniStrong GPS 测量仪的操作

扫一扫看 UniStrong GPS 测量仪的操作手册

UniStrong GPS 测量仪具有标定航点、航点管理、航线管理、航迹管理、地图、面积测量等功能，这里只详细展示标定航点和面积测量功能，其他功能操作请参考 UniStrong GPS 测量仪使用手册。

1．标定航点

1）页面介绍

标定航点用于点位信息的记录和采集，如图 2-5-16 所示。

① 图标：采集的航点可以使用不同的图标表示。点击左上角的"图标"按钮，进入"选择图标"界面，如图 2-5-17 所示。

图 2-5-16　标定航点　　　　　　　　图 2-5-17　选择图标界面

② 名称：采集航点的名称，默认航点以航点+数字命名。通过此项可对采集航点进行名称修改和重命名。

③ 备注：在备注项目可以输入对采集航点的描述，默认内容为日期和时间，可编辑。

④ GNSS 坐标：显示当前 GNSS 定位得到的坐标，可编辑。

⑤ 高度和精度：高度记录当前位置海拔高度，可编辑；精度表示当前 GNSS 水平估算精度值，不可修改。

⑥ 平均：可以自定义标定航点的时间，延长标定航点的时间，目的是提高采集航点的

精度。点击"平均"按钮,进入取平均值界面,开始计时,直到点击"确定"按钮,停止采集,保存此航点,如图 2-5-18 所示。

⑦ 地图:点击"地图"按钮,即可转入地图界面,将标定的航点显示在地图上。

⑧ 确定:点击"确定"按钮,标定航点成功存储,否则数据不存储。

※注:当有输入界面,点击【#】键,将进行输入法的切换,可以在拼音、笔划、英文、字母大小写和数字之间进行切换,选择熟悉的输入方式输入即可。

2)菜单介绍

在标定航点界面,点击右上侧面的【菜单】键,可调出"标定航点菜单"界面。在菜单界面有"导航""设为警告点"和"添加到航线""设计新航点"功能按钮,如图 2-5-19 所示。

图 2-5-18　平均点

图 2-5-19　标定航点界面

(1)导航:使用当前标定的航点进行导航作业,如图 2-5-20 所示。

图 2-5-20　导航作业

(2)设为警告点:此功能可将标定的航点转为警告点,可自定义报警范围,如图 2-5-21 所示。

图 2-5-21　设为报警点

（3）添加到航线：此功能可实现将标定航点添加到已存的航线当中，或者添加到新建的航线中，如图 2-5-22 所示。

2．面积测量

1）页面介绍

面积测量：用于记录面积（在面积测量里记录的面积数据无法应用，使用面积测量前需要明确这一点）；点击"面积测量"进入"长度/面积计算"界面，在此界面可进行已存数据的读取和新面积采集操作，如图 2-5-23 所示。

图 2-5-22　添加航线

图 2-5-23　面积测量

在面积读取界面，显示已存的每个面积信息，可对已存面积进行查看详情、删除、删除全部和保存到 SD 卡操作，如图 2-5-24 所示。

图 2-5-24　面积测量菜单

点击"计算"进入面积采集计算界面，在此界面可以采集新面积，以及显示当前位置，如图 2-5-25 所示。

图 2-5-25　采集计算

卫星数：实时显示当前位置可用卫星个数。
精度：实时显示当前水平位置估算精度，单位为米。
长度：实时显示采集面积的长度值。
面积：实时显示采集面积值。
开始/记录：面积采集开始按钮；当使用手动记点时，开始采集按钮变为"开始"按钮，当使用自动记点时，开始采集按钮变为"记录"按钮。
保存：将采集的面积保存，采集完面积如果不点击"保存"按钮而退出该界面，数据将不被保存。

2）菜单介绍

在采集计算界面，点击手持机右侧上方【菜单】键，弹出"采集计算"菜单，如图2-5-26所示。

图 2-5-26　重新采集面积

① 任务：重新采集面积。
② 继续测量：继续上一次的任务。
③ 迹法：与航迹法测面积方法相同，点击"开始"按钮，自动记录行走轨迹，最终形成面积。
④ 征点法：与折点法测面积方法相同，每个点都需要自己手动采集。

任务单

1. 任务目标

（1）阅读 UniStrong GPS 测量仪的使用说明书，熟悉 GPS 测量仪的结构及操作使用方法；
（2）能够规范使用 GPS 测量仪测量某指定点的位置精度和纬度；
（3）能够使用 GPS 测量仪测量不规则曲线围成的面积；
（4）能够认真记录测量数据，并合理处理测量数据。

2. 仪器仪表工具需求单

表 2-5-1　仪器仪表工具需求单

序号	仪器	工具/材料
1		
2		
3		
4		
5		
6		
7		
8		

3. 小组成员及分工

表 2-5-2　小组成员及分工

职位	姓名	分工
组长		
组员 1		
组员 2		
组员 3		
组员 4		
组员 5		

4. 任务要求

在基站现场勘察时，工程师通常要记录基站的详细位置，给后期的移动网络规划、优化或维护提供参考数据，本项目通过手持 GPS 测量设备进行航点标定、不规则图形面积计算等实现基站高精度位置和海拔高度等参数的测量。

1）航点测量

以小组为单位，使用手持 GPS 测量仪在校园内找到 5 个不同的标志性地理位置，测量并记录各点的经、纬度值及高度值，并将数值标识在纸质地图上，测量数据精度保留小数点后 6 位。

将测量操作步骤填写到表 2-5-3 中。

仪器仪表的标准操作与技巧

表 2-5-3　航点测量操作步骤

操作步骤序号	操作内容	重难点
1		
2		
3		
4		
5		
6		
7		
8		

将各点的位置信息记录在表格 2-5-4 中。

表 2-5-4　航点位置测量记录

标志性位置点	精度	维度	高度

2）面积测量

在校园内至少寻找两个不规则的场地，为避免卫星搜不到的情况出现，一般建议选择比较开阔的室外环境，使用 GPS 测量仪测量该不规则场地的面积，并记录测量值，数据精度保留小数点后 3 位。

将测量操作步骤填写到表 2-5-5 中。

表 2-5-5　面积测量操作步骤

操作步骤序号	操作内容	重难点
1		
2		
3		
4		
5		
6		
7		
8		

将测量值记录在表格 2-5-6 中。

表 2-5-6 不规则图形面积测量记录

测量不规则场地描述	测量面积值

评价总结

1. 自我评价

序号	评价内容	是否达到（1表示达到，0表示未达到）
1	知道全球四大卫星导航系统	
2	了解GPS的基本工作原理	
3	熟悉UniStrong GPS的面板按键功能	
4	熟悉UniStrong GPS的主要功能使用	
5	能正确测量航点数据	
6	能正确测量不规则区域的面积	
7	会正确处理测量数据	
你觉得以上哪项内容操作最熟练		
在操作过程中，遇到哪些问题，你是如何解决的		
你认为在以后的工作中哪些内容会要求熟练掌握		

2. 小组评价

序号	评价内容	是否完成（1表示完成，0表示未完成）
1	正确测量航点数据	
2	正确测量不规则区域的面积	
3	团队合作完成	
4	任务按时完成	

3. 教师评价

序号	评价内容	是否完成（1表示完成，0表示未完成）
1	任务质量达标	
2	课程互动参与	
3	5S环境	
4	实验小创新	

项目 2　通信设备的检测与维护

任务 2.6　频谱分析仪的原理与操作

任务思维导图

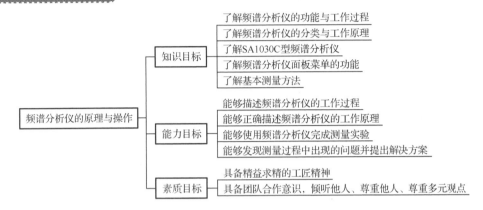

扫一扫看教学课件：频谱分析仪的原理与操作

扫一扫看微课视频：频谱分析仪的原理与操作

任务内容

通过完成项目 2 任务 2.6，学会使用频谱分析仪测量 5G 基站射频信号，分析射频信号的幅度、带宽和频率，发射机输出功率，邻道泄漏比等参数。

知识准备

点睛：频谱分析仪是研究电信号频谱结构的仪器，用于信号失真度、调制度、谱纯度、频率稳定度和交调失真等信号参数的测量，可用于测量放大器和滤波器等电路系统的某些参数，是一种多用途的电子测量仪器。它又可称为频域示波器、跟踪示波器、分析示波器、谐波分析器、频率特性分析仪或傅里叶分析仪等。现代频谱分析仪能以模拟方式或数字方式显示分析结果，能分析 1 Hz 以下的甚至低频到亚毫米波段的全部无线电频段的电信号。仪器内部若采用数字电路和微处理器，具有存储和运算功能；配置标准接口，就容易构成自动测试系统。

历史时刻：第一台校准的频谱分析仪，851A/8551A 频谱分析仪通过同轴输入覆盖了 10MC 到 10GC 的频率范围，通过外部的波导混频器和适配器覆盖了 8.2～40GC。相关历史，可扫码查看。

扫一扫看：频谱分析仪简史

2.6.1　频谱分析仪的工作过程

频谱分析仪是对无线电信号进行测量的必备仪器，是在电子产品研发、生产、检验领域中常用的工具。因此，其应用十分广泛，被称为工程师的"射频万用表"。

仪器仪表的标准操作与技巧

1. 频谱分析仪功能

频谱分析系统的主要功能是在频域里显示输入信号的频谱特性。

测试机制：将被测信号与仪器内的基准频率、基准电平进行对比。因为许多测量的本质都是电平测试，如载波电平、A/V、频响、C/N、CSO、CTB、HM、CM 及数字频道平均功率等；波形分析：通过 107 选件和相应的分析软件，对电视的行波形进行分析，从而测试视频指标，如 DG、DP、CLDI、调制深度、频偏等。

2. 频谱分析仪的工作过程

在测量高频信号时，外差式的频谱分析仪混波后的中频因放大能得到较高的灵敏度，且改变中频滤波器的频带宽度，能容易地改变频率的分辨率。由于超外差式频谱分析仪是在频带内扫描的，除非使扫描时间趋近于零，否则无法得到输入信号的实时（Real Time）反应。要得到与实时分析仪性能一样的超外差式频谱分析仪，其扫描速度要非常快，若用比中频滤波器的时间常数短的扫描时间扫描的话，无法得到信号正确的振幅。因此要提高频谱分析仪的频率分辨率，且要能得到准确的响应，需要有适当的扫描速度。

> 扫一扫看拓展知识：频谱分析仪与示波器的区别

2.6.2 频谱分析仪的分类及工作原理

频谱分析仪按信号处理方式的不同，一般有两种类型：实时频谱分析仪（Real-Time Spectrum Analyzer）和扫描调谐频谱分析仪（Sweep-Tuned Spectrum Analyzer）。前者能在被测信号发生的实际时间内取得所需要的全部频谱信息并进行分析和显示分析结果；后者需通过多次取样过程来完成重复信息分析。实时频谱分析仪主要用于非重复性、持续期很短的信号分析。扫描调谐频谱分析仪主要用于从声频直到亚毫米波段的某一段连续射频信号和周期信号的分析。

实时频率分析仪的功能为在同一瞬间显示频域的信号振幅，其工作原理是针对不同的频率信号频谱分析仪有相对应的滤波器与检知器（Detector），再经由同步的多工扫描器将信号传送到 CRT 或液晶等显示仪器上进行显示，其优点是能显示周期性杂散波（Periodic Random Waves）的瞬间反应，缺点是价高且性能受限于频宽范围，滤波器的数目与最大的多工交换时间（Switching Time）有关。

扫描调谐频谱分析仪是最常用的频谱分析仪，其基本结构类似于超外差式接收器，工作原理是输入信号经衰减器直接外加到混波器，可调变的本地振荡器经与 CRT 同步的扫描产生器产生随时间线性变化的振荡频率，经混波器与输入信号混波降频后的中频信号（IF）再被放大，滤波与检波传送到 CRT 的垂直方向，因此在 CRT 的纵轴显示信号振幅与频率的对应关系。较低的 RBW 有助于不同频率信号的分辨与量测，低的 RBW 将滤除较高频率的信号，导致信号显示时产生失真，失真值与设定的 RBW 密切相关，较高的 RBW 虽有助于宽频带信号的侦测，但将增加杂信底层值（Noise Floor），降低测量灵敏度，侦测低强度的信号易产生阻碍，因此适当的 RBW 宽度是正确使用频谱分析仪的基础。

> 扫一扫看拓展知识：频谱分析仪操作面板与用户界面

1. 频谱分析仪的操作面板与用户界面

SA1010B 型频谱分析仪前面板如图 2-6-1 所示。前面板功能说明：（1）LCD 显示屏；

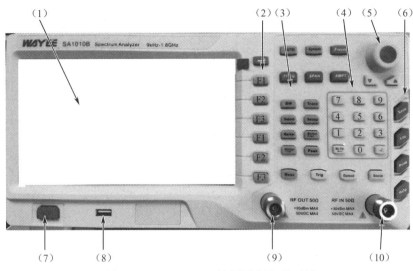

图 2-6-1 SA1010B 型频谱分析仪前面板

（2）软菜单区；（3）功能键区；（4）数字键区；（5）旋钮、方向选择键区；（6）辅助功能区；（7）电源开关；（8）USB 接口；（9）跟踪源输出口；（10）RF 输入口。表 2-6-1 为前面板功能键区按键描述。

表 2-6-1 前面板功能键区按键描述

按键	描述
FREQ	设置中心、起始和终止频率
SPAN	设置扫描的频率范围
AMPT	设置参考电平、射频衰减、前置放大、刻度及单位等参数
AUTO	全频段自动搜索定位信号
System	设置系统 I/O、语言、时间、校准等参数
Preset	系统复位
BW	设置频谱分析仪的分辨率带宽、视频带宽、迹线平均、扫描时间等参数
Trace	设置扫描信号的迹线及最大、最小保持等相关参数
Detect	设置检波器的检波方式
Sweep	设置扫描方式、时间及扫描点数
Marker	标记迹线上的点，读出幅度、频率等参数
Marker F ctn	进行频率计数、阻带带宽、频标噪声的测试
Market →	打开与频标功能相关的软菜单
Peak	打开峰值搜索的设置菜单，并执行峰值搜索功能

SA1010B 型频谱分析仪后面板如图 2-6-2 所示，后面板功能区说明：（1）10 MHz 参考输入/输出、参考时钟输入/输出接口（通过 BNC 电缆实现连接）；（2）外触发接口；（3）音频输出接口；（4）USB 通信接口；（5）LAN 通信接口；（6）RS232 串行通信接口；（7）VGA 视频信号输出接口；（8）AC 电源接口及电源开关。

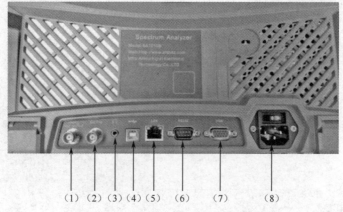

图 2-6-2　SA1010B 型频谱分析仪后面板

SA1010B 型频谱分析仪用户界面如图 2-6-3 所示，用户界面说明：（1）频谱分析仪制造公司的 LOGO；（2）数据的输出格式（对数或线性）；（3）比例；（4）参考电平值；（5）检波方式；（6）衰减器的衰减值；（7）日期和时间；（8）频标；（9）光标所在点的频率；（10）光标的幅度值；（11）打印机、USB、网口的接口标志；（12）中心频率；（13）分辨率带宽；（14）系统的等待标志；（15）视频的分辨率带宽；（16）系统的扫描时间；（17）扫宽值；（18）软菜单的相关按钮。

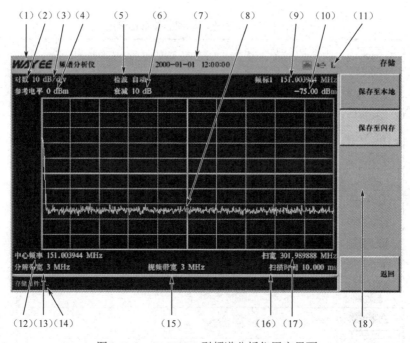

图 2-6-3　SA1010B 型频谱分析仪用户界面

旋钮功能：当参数在可编辑状态时，可通过旋转旋钮增大（顺时针旋转）或减小（逆时针旋转）参数值。

方向键功能：在输入参数时，单击上下键可使参数值递增或递减。在"文件"功能中，上下键用于在根目录中移动光标。旋钮、方向选择键区如图 2-6-4 所示。

数字键功能：单击数字键可直接输入所需要的参数值。-/.键功能：先按-/.键再按数字键为键入负数符号，先按数字键再按-/.键为键入小数点符号。 键功能：回格，删除上一个文本。数字键区如图 2-6-5 所示。

图 2-6-4　旋钮、方向选择键区

图 2-6-5　数字键区

RF-IN/OUT（射频输入/输出）接口通过 N 型连接器的电缆连接到接收设备中，如图 2-6-6 所示。

※注：RF 射频输入端口的最大直流输入电压为 50 V，超过该电压会导致输入衰减器和输入混频器损坏。当输入衰减器的信号强度不小于+10 dB 时，RF 射频输入端口输入信号的最大功率为+30 dBm。

图 2-6-6　RF-IN/OUT 接口

2. 频谱分析仪配件——驻波比桥

VB30 驻波比桥用于配合频谱分析仪对被测设备进行回波损耗、反射系数和电压驻波比等 S11 相关参数的测量（S11 为输入反射系数，即输入回波损耗）。VB30 驻波比桥提供 3 个射频连接端口，其中"IN"为信号输入端口，用于连接频谱分析仪的跟踪源输出出口；"OUT"为反射信号输出端口，用于连接频谱分析仪的射频输入接口；"DUT"为信号输出端口，用于连接被测设备。在测量时，应尽可能少地使用电缆或转接器，以免引入额外的反射。在连接被测件之前须对驻波电桥的"DUT"端口在开路状态下进行校准（即使该端口什么也不连，也应在全反射状态下测量信号的功率）。VB30 驻波比桥如图 2-6-7 所示，与频谱分析仪的连接如图 2-6-8 所示。

图 2-6-7　VB30 驻波比桥

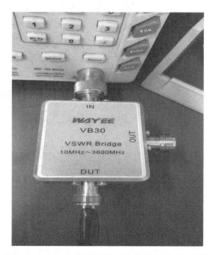

图 2-6-8　驻波比桥与频谱分析仪的连接

3. 频谱分析仪的配件——TX1000

TX1000 的硬件结构如图 2-6-9 所示，TX1000 的硬件模块主要包括混频器、滤波器和放大器等件。

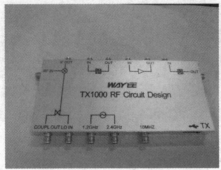

图 2-6-9　TX1000 硬件结构

TX1000 的特点：可通过 USB 接口进行供电；可与 PC 端连接使用，并通过软件对其进行控制；提供 10 MHz 的参考信号输出，可方便地与其他设备进行时钟同步；内置 50 MHz 的信号，通过切换开关将该信号连接到输入端口，可用于对频谱分析仪的学习、操作和演示；提供 500 MHz 和 1 GHz 的本地本振信号输出；模块化电路设计，提供可对其任何部件进行单独测量的接口，且允许对其任何部件进行更换使用。

TX1000 的典型应用是测试频谱分析仪的测量功能。

操作步骤：

（1）使用 USB 数据线连接计算机和 TX1000，如图 2-6-10 所示，使用转接线连接 TX1000 的 RF-IN 接口和频谱分析仪的射频输入接口。

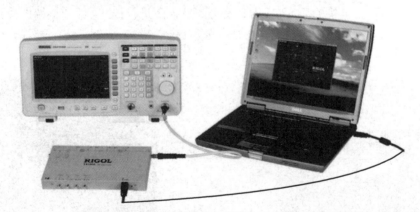

图 2-6-10　USB 数据线与计算机和 TX1000 的连接图

（2）通过控制界面设置各开关的状态。

（3）在频谱分析仪中设置测量参数，得到测量结果。

扫一扫看拓展知识：频谱分析仪连续波及信号测量

4. 基本测量方法

下面将通过测量连续波信号的实例介绍频谱分析仪的基本测量方法。使用 DG1032 信号发生器输出连续波信号作为测量源信号，注意输入信号的幅度不得超过+30 dBm（1 W），以免损坏频谱分析仪。

1）连接设备

将信号发生器的信号输出端连接到频谱分析仪的 INPUT 50 Ω 射频输入接口。

2）参数设置

（1）复位仪器：按下"PRESET"键后，仪器的所有参数将恢复到出厂设置。

（2）设置中心频率：按下"FREQ"键后，"中心频率"软菜单将变为高亮状态，在屏幕网格的左上方会出现中心频率的参数，即表示中心频率功能被激活。此时使用数字键盘、旋钮或方向键均可以改变中心频率值。按数字键，输入 1 GHz，频谱分析仪的中心频率被设定为 1 GHz。

（3）设置扫宽：按"SPAN"键后，"扫宽"软菜单将处于高亮状态，屏幕网格的左上方出现扫宽参数表示扫宽功能已被激活。使用数字键盘、旋钮或方向键均可以改变扫宽值。按数字键输入 5 MHz 后，频谱分析仪的扫宽被设定为 5 MHz。

上述步骤完成后，在频谱分析仪上可以观测到中心频率为 1 GHz 的频谱曲线。

3）使用光标测量频率和幅度

先按"Marker→频标→1"，激活"Marker1"，然后按"Peak"键，光标将标记在信号的最大峰值处，再按"频率→中心频率"，被测频谱的峰值点将显示在屏幕的中间位置，光标的频率和幅度值将显示在屏幕网格的右上角。

5. 读取测量结果

输入频率为 1 GHz、幅度为 -10 dBm 的信号后，频谱分析仪的测量信号视图如图 2-6-11 所示。

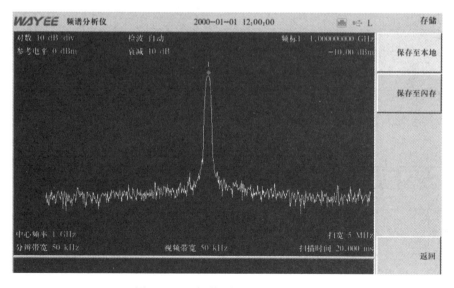

图 2-6-11 频谱分析仪测量信号视图

仪器仪表的标准操作与技巧

任务单

1. 任务目标

能够理解频谱分析仪的工作过程及原理；能正确完成连续信号、波形测试。

2. 仪器仪表工具需求单

表 2-6-2　仪器仪表工具需求单

序号	仪器	工具/材料
1		
2		
3		
4		
5		
6		
7		

3. 小组成员及分工

表 2-6-3　小组成员及分工

职位	姓名	分工
组长		
组员 1		
组员 2		
组员 3		
组员 4		

4. 任务要求

（1）连续波形测量，将操作步骤填入表 2-6-4 中。

表 2-6-4　连续波形测量操作步骤

操作步骤序号	操作内容	重难点
1		
2		
3		
4		
5		
6		
7		
8		

操作结果展示（可以附照片）：

（2）连续波信号测量，将操作步骤填入表2-6-5中。

表2-6-5 连续波信号测量操作步骤

操作步骤序号	操作内容	重难点
1		
2		
3		
4		
5		
6		
7		
8		

操作结果展示（可以附照片）：

仪器仪表的标准操作与技巧

评价总结

1. 自我评价

序号	评价内容	是否达到（1 表示达到，0 表示未达到）
1	了解频谱分析仪的作用	
2	熟悉频谱分析仪的基本工作原理	
3	熟悉频谱分析仪的操作方法	
4	能够测试连续波形	
5	能够测试连续信号	
你觉得以上哪项内容操作最熟练		
在操作过程中，遇到哪些问题，你是如何解决的		
你认为在以后的工作中哪些内容会要求熟练掌握		

2. 小组评价

序号	评价内容	是否完成（1 表示完成，0 表示未完成）
1	正确完成波形及信号的测试	
2	团队合作完成	
3	任务按时完成	

3. 教师评价

序号	评价内容	是否完成（1 表示完成，0 表示未完成）
1	任务质量达标	
2	课程互动参与	
3	思路创新	
4	5S 环境	

项目 2　通信设备的检测与维护

任务 2.7　激光测距仪的工作原理与操作

任务思维导图

 扫一扫看教学课件：
激光测距仪的工作
原理与操作

 扫一扫看微课视频：
激光测距仪的工作
原理与操作

任务内容

通过完成项目 2 任务 2.7，学会使用激光测距仪测量基站天线挂高。

知识准备

点睛：激光测距仪是利用激光对目标的距离进行准确测定的仪器。激光具有颜色纯、能量高度集中、方向性好等特点，因此通过控制发射的激光束功率，激光测距仪可以实现高测程、高精度的距离测量。如图 2-7-1 所示为常见的激光测距仪在室内装修中的应用。此外，激光测距仪在通信工程中常用于测量关键位置的高度、距离等，如天线挂高。

图 2-7-1　激光测距仪在室内装修中的应用

2.7.1　激光测距仪的原理

激光测距主要分为脉冲法和相位法两种测量方式，激光测距仪按照不同的测量方式可分

79

为脉冲式激光测距仪和相位式激光测距仪两种。

1. 脉冲式激光测距仪

脉冲式激光测距仪在工作时向目标射出一束或一系列短暂的脉冲激光束，由光电元件接收目标反射的激光束，仪器可通过计时器测量激光束从发射到返回的时间从而计算出仪器到目标的距离。

如图 2-7-2 所示，如果光在空气中的传播速度为 c，激光测距仪的计时器从发出激光到接收到反射光的时间为 t，则 A、B 两点间的距离 D 为

$$D = \frac{ct}{2} \tag{2-7-1}$$

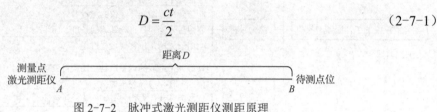

图 2-7-2　脉冲式激光测距仪测距原理

脉冲法激光测距的测量精度较低，一般在 10 cm 左右。另外，脉冲式激光测距仪在起始部分存在 1 m 左右的测量盲区。

2. 相位式激光测距仪

相位式激光测距仪在工作时采用特定频率的激光束，通过对激光束进行幅度调制，测量调制光往返一次所产生的相位延迟，再根据调制光的波长，换算出此相位延迟所代表的距离。即使用间接的方法测量出激光束往返测线所需的时间。相位式激光测距仪激光传播示意如图 2-7-3 所示。

若调制光的角频率为 ω，已知 $\omega = 2\pi f$，在待测距离 D 上往返一次产生的相位延迟为 φ。其中，$\Delta\varphi$ 为信号往返测试一次产生的相位延迟不足 π 的部分，m 为激光束往返待测距离 D 所经历的整数个波长，Δm 为不足一个整数波长的部分 $\varphi = 2\pi m$。对应的时间 t 可表示为

$$t = \frac{\varphi}{\omega} = \frac{\varphi + \Delta\varphi}{\omega} = \frac{2\pi(m + \Delta m)}{\omega} \tag{2-7-2}$$

距离 D 可表示为

$$D = \frac{ct}{2} = \frac{c\pi(m + \Delta m)}{\omega} \tag{2-7-3}$$

相位式激光测距仪一般应用于精密测距。由于其精度较高，为得到有效的反射信号，待测目标在目镜中的位置应限制在与仪器精度相对应的某一待定点上。为达到这一目标，相位式激光测距仪都配置了被称为"合作目标"的反射镜。

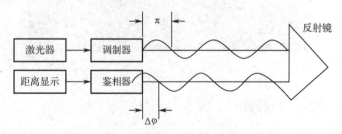

图 2-7-3　相位式激光测距仪激光传播示意

2.7.2 激光测距仪的类型

激光测距仪按激光器的种类可分为气体激光器（氦氖、CO_2 激光器等）、固体激光器（掺钕石榴石、红宝石激光器等）和半导体激光器（砷化镓双异质结激光器）等。激光测距仪可根据测量维度分为一维激光测距仪（距离测量）、二维激光测距仪（轮廓测量）和三维激光测距仪（空间测量）。

常见的激光测距仪有手持式激光测距仪、望远镜式激光测距仪和工业用激光测距仪，如图 2-7-4 所示。手持式激光测距仪的测量距离一般在 200 m 以内，精度在 2 mm 左右，除测量距离外，一般还能测量面积和体积；望远镜式激光测距仪的测量距离一般在 600~3000 m，但精度相对较低，一般在 1 m 左右，主要应用于野外长距离测量；工业用激光测距仪的测量距离在 0.5~3000 m，精度在 50 mm 以内，当测量距离超过 300 m 时要加设反射镜，部分产品还能在测距的同时进行测速。

（a）手持式激光测距仪　　（b）望远镜式激光测距仪　　（c）工业用激光测距仪

图 2-7-4　常见的激光测距仪

如今，激光测距仪在军事、航空、航天方面有着广泛的作用，在一些专用场合中对其测量的距离和精度也有着更高的要求。

能量小贴士： 在我国载人航天工程发射的神舟十一号飞船与天宫二号对接的过程中，采用了激光雷达作为交会对接控制测量关键敏感器，在中近距离段完成对目标距离、角度、变化率等信息的实时高精度测量。

扫一扫看：激光雷达助力神州十一号与天宫二号"太空拥抱"

2.7.3 测量前的准备

1. UT395B 型激光测距仪的结构及界面

常见的非精密测量场合一般使用手持式激光测距仪进行测量，以 UT395B 型激光测距仪为例，其外部结构如图 2-7-5 所示。

扫一扫看教学视频：激光测距仪的操作

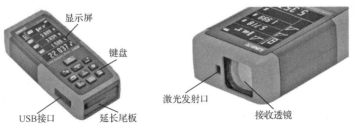

图 2-7-5　UT395B 型激光测距仪的外部结构

在使用过程中，首先应选择待测点位，再固定测量点位（固定激光测距仪），然后选择测量基准。在测量时应保证光线沿线不被遮挡，在必要时要加设反射镜。

这里以UT395B型激光测距仪为例，其操作界面如图2-7-6所示。

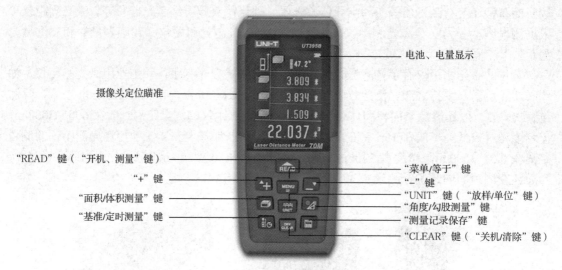

图 2-7-6　UT395B 型激光测距仪操作界面

2. 测量前的设置

（1）单位设置：在长按"READ"键开机之后，可以使用"UNIT"键选择测量单位。默认的长度单位为 0.000 m，可通过多次按"UNIT"键切换测量单位及其精度。

（2）测量基准设置：通过多次按基准键可以切换测量基准。UT395B 型激光测距仪提供 4 种测量起点，分别为以测距仪顶部为起点的前基准、以测距仪中间定位孔为起点的中基准、以测距仪末端为起点的后基准和以延长尾板为起点的延长尾板基准，默认的测量起点为后基准。

2.7.4　测量操作步骤

1. 单次距离测量

在单次距离测量模式中，先短按"READ"键，使激光测距仪发射激光。显示屏的上方会显示相关的角度信息。锁定测量目标后，再次短按"READ"键，测距仪将显示该次测量的距离。辅助显示区能保留最近 3 次的测量数据，短按"CLEAR"键可以清除数据。

2. 连续测量

连续测量模式可以方便地找出某一个距离点。长按"READ"键将进入连续测量模式，主显示区显示当前的测量值，辅助显示区显示本次测量的最大值和最小值，连续测量模式如图 2-7-7 所示。

3. 面积/体积测量

在面积/体积测量功能中，短按"面积/体积测量"键 1 次（图标显示为长方形）或 2 次（图标显示为立方体）可切换为面积测量或体积测量模式。在面积测量模式中，分别短按 2 次"READ"键，测量出的数值即为该长方形的长度与宽度，仪器将自动计算出长方形的面

积 $S=L×W$。同理，在体积测量模式中，分别短按 3 次"READ"键，测量出的数值即为该立方体的长、宽、高，仪器将自动计算出立方体的体积 $V=L×W×H$，如图 2-7-8 所示。

图 2-7-7　连续测量模式　　　　　　图 2-7-8　体积测量及自动计算

4. 三角形测量

在三角形测量功能中，多次短按"角度/勾股测量"键可切换多种三角形测量模式，UT395B 型激光测距仪提供 6 种三角形测量模式，如图 2-7-9 所示。

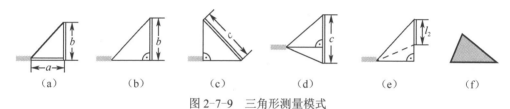

图 2-7-9　三角形测量模式

模式（a）为测量直角三角形的斜边和倾角，求其高度和水平距离；模式（b）为测量直角三角形的斜边和底边，求其高度；模式（c）为测量直角三角形的 2 条直角边，求其斜边长度；模式（d）为测量任意三角形的 2 条边及高度，求其底边长度；模式（e）为测量直角三角形的斜边、辅助线及底边，间接计算其辅助线的高度；模式（f）为测量任意三角形的 3 条边，求三角形的面积。

5. 距离、面积、体积的累加与累减测量

在距离、面积、体积的累加与累减功能中，在单次测量距离、面积、体积之后，按"+"键，测距仪将进入累加状态，再次进行单次测量距离、面积、体积的操作后，测距仪将把两次数据自动求和并显示在主显示区，可叠加多次测量结果；同理，在单次测量距离、面积、体积后，按"-"键并再次进行单次测量操作后，可自动求差，可累减多次测量结果，直至测量结果为负值。

6. 放样过程

在放样功能中，长按"UNIT"键可进入放样操作。放样的原理如图 2-7-10（a）所示。当"a"标志闪烁时，可通过"+""-"键（短按或长按）调整 a 的大小，调整完成后按"READ"键结束调整。此时"b"标志闪烁，可重复上述步骤调整 b 的大小。调整完成后，仪器开始放样。操作者应根据显示屏显示的放样标志调整个人位置，直至找到放样点，如图 2-7-9（b）所示。

仪器仪表的标准操作与技巧

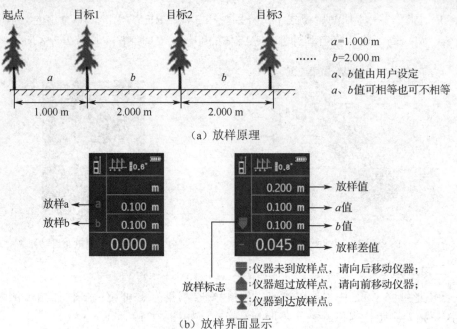

(a) 放样原理

(b) 放样界面显示

图 2-7-10 放样测量

> **能量小贴士**：激光器是强度很高的光源辐射器件，激光容易对人体，特别是人眼造成伤害，在使用激光测距仪时需要特别小心。目前在市场上主流的激光测距仪的激光等级为第二级（低输出的可视激光，功率为 0.4~1 mW），属于安全等级。但仍需要注意，第二级激光持续照射人眼会导致人晕眩且无法思考。因此不要直接在激光光束内进行观察，也不要使激光直接照射到人眼，同时应避免使用远望设备观察激光。当激光照射到眼睛时，应采取眨眼避开的方式来保护自身。

项目 2　通信设备的检测与维护

任务单

1. 任务目标

（1）能够说出激光测距仪的原理；
（2）能够辨识激光测距仪的结构和界面；
（3）能正确设置激光测距仪的测量参数；
（4）能用激光测距仪进行基本的长度、面积/体积、连续测量等；
（5）能用激光测距仪实现放样过程。

2. 仪器仪表工具需求单

表 2-7-1　仪器仪表工具需求单

序号	仪器	工具/材料
1		
2		
3		
4		
5		
6		
7		
8		

3. 小组成员及分工

表 2-7-2　小组成员及分工

职位	姓名	分工
组长		
组员 1		
组员 2		
组员 3		
组员 4		
组员 5		

4. 任务要求

（1）室内测量练习：设置合适的单位和测量基准，在教室内测量以下内容，并填写室内测量表格，如表 2-7-3 所示。

（a）单次距离测量：测量个人身高。
（b）面积测量：测量本书封面的面积。
（c）连续测量：连续测量个人课桌桌面至教室地面的垂直高度，并找出最大值和最小值。要注意桌面是否水平？

85

仪器仪表的标准操作与技巧

表2-7-3 室内测量表格

测量内容	测量结果	测量基准
个人身高		
本书封面的面积		
桌面至地面的垂直高度	最大值： 最小值：	

（2）户外测量：在各个校园基站位置，测量基站天线的挂高，并填写室外测量表格。

（3）户外测量：下载本校平面图，任选4处标志性测量点位，来到户外现场进行距离测量，并填写室外测量表格，如表2-7-4所示。

（4）户外测量：选取一处进行放样测量。

表2-7-4 室外测量表格

平面图	（此处张贴校园平面图，并标记基站位置及所测距离位置）	
天线挂高 测量结果	天线挂高1	
	天线挂高2	
	天线挂高3	
	……	
距离测量结果	距离1	
	距离2	
	距离3	
	距离4	
放样	选取放样长度 a	
	选取放样长度 b	

项目2 通信设备的检测与维护

评价总结

1. 自我评价

序号	评价内容	是否达到（1表示达到，0表示未达到）
1	能够说出激光测距仪的原理	
2	能够辨识激光测距仪的结构和界面	
3	能正确设置激光测距仪的测量参数	
4	能用激光测距仪进行基本的长度、面积、连续测量等	
5	能用激光测距仪实现放样过程	
你觉得以上哪项内容操作最熟练		
在操作过程中，遇到哪些问题，你是如何解决的		
你认为在以后的工作中哪些内容会要求熟练掌握		

2. 小组评价

序号	评价内容	是否完成（1表示完成，0表示未完成）
1	正确完成上表中下面三题的内容	
2	团队合作完成	
3	任务按时完成	

3. 教师评价

序号	评价内容	是否完成（1表示完成，0表示未完成）
1	任务质量达标	
2	课程互动参与	
3	革新思路/附加任务完成情况	
4	5S 环境	

扫一扫看激光测距仪相关的练习题与答案

项目 3

通信线路的维护与排障

扫一扫看微课视频：演习中的线缆敷设

扫一扫看微课视频：线缆敷设技能比武

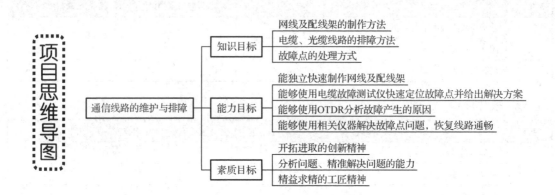

近日，我军某部正在开展一场实兵实弹的多课目红蓝对抗演练，该演练在地处山野之间的某演训场展开。演练要求参演官兵能迅速适应陌生地域战地通信保障需求，在战地通信方面设置了通信线缆敷设、网络搭建、通信中断、电磁袭扰等课目。具体要求如下：

双方通信分队到达指定地域后，立即对野外地形展开侦察，根据"战场环境"开设三个机动通信站点，作为前线指挥哨所。

任务 1：在各自前线站点内部完成网线的制作。

任务 2：利用双绞线及网络配线架搭设小型局域网络，供站点内设备使用。

任务 3：首个前线指挥哨所建立完成后，通信分队由该站点向另外两个站点分别敷设一条电缆通信线路。

任务 4：前线指挥哨所间通信中断，通信分队使用电缆故障测试仪快速精准地找到故障点位。

任务 5：通信分队由该站点向指挥中心敷设一条光缆通信线路。

任务 6：断点处使用光纤熔接机进行光纤接续。

任务 7：遭遇敌特破坏，前线站点与指挥中心通信中断。通信分队使用 OTDR 快速精准找到故障点位，进行快速抢通。

项目 3 通信线路的维护与排障

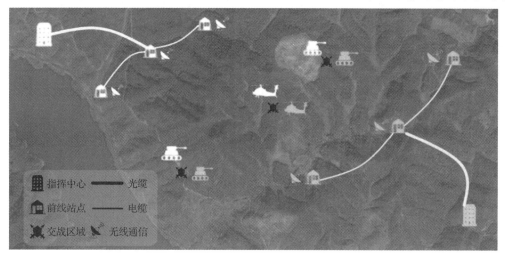

为保障上述演习课目顺利完成,需学习以下子任务:
(1)网线的制作与测试;
(2)综合配线架的分类与制作;
(3)通信电缆的结构与识别;
(4)电缆故障测试仪的使用;
(5)光缆的认知;
(6)光纤熔接;
(7)OTDR 的工作原理与操作。

任务 3.1 网线的制作与测试

任务思维导图

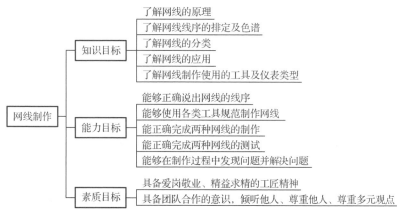

扫一扫看前导课课件:网线的制作与测试

扫一扫看前导课微课视频:网线的制作与测试

扫一扫看教学课件:网线的制作与测试

扫一扫看微课视频:网线的制作与测试

仪器仪表的标准操作与技巧

任务内容

通过完成本项目任务 3.1，学会在各自前线站点内部完成网线的制作。

知识准备

点睛：网线，工作、学习、生活中使用有线的方式连接网络时会经常见到，如在实验室、办公场所、家用台式机等场合。网线，常用的有双绞线，它是连接电脑网卡和 ADSL 猫或路由器、交换机的电缆线。电话线传输的信号是调制的信号，计算机的网卡不能识别，需要用 ADSL 猫转换成网卡能直接识别的信号。所以 ADSL 猫一端连接电话线，一端连接网线。

骄傲之星：小小网线的进化，见证了一个互联网时代的兴起，让我们能够享受到互联网带来的便利。如果将互联网比作人，网线就好比人的神经系统，因为神经传输的信号不同，人才有千姿百态，才有喜怒哀乐，才可以刷抖音、看文章等。

扫一扫看双绞线的选购步骤

3.1.1 网线的分类与工具

1. 网线的分类

使用有线的方式连接局域网，网线是必不可少的。在局域网中常见的网线主要有双绞线、同轴电缆、光缆三种。双绞线是由许多对线组成的数据传输线。双绞线是网络信号最常用的一种传输介质。它的特点是价格便宜，所以被广泛应用，如常见的电话线等。双绞线用来和 RJ-45 水晶头相连，采用一对互相绝缘的金属导线互相绞合的方式来抵御一部分外界电磁波干扰。把两根绝缘的铜导线按一定密度互相绞在一起，可以降低信号干扰的程度，每一根导线在传输中辐射的电波会被另一根线上发出的电波所抵消。"双绞线"的名字也由此而来。双绞线实物如图 3-1-1 所示。

双绞线一般是由两根 22～26 号的绝缘铜导线相互缠绕而成的，在实际使用时，通常是将一对或多对双绞线包在一个绝缘的电缆套管里的，这样便组成了双绞线电缆（也称双扭线电缆）。日常生活中，人们通常会把双绞线电缆直接称为双绞线。典型的双绞线电缆有含 4 对双绞线，也有含更多对双绞线的。在双绞线电缆内，不同的线对具有不同的扭绞长度，一般来说，线缆的扭绞长度为 14～38.1 cm，扭绞方向为逆时针方向，相邻线对的扭绞长度在 12.7 cm 以上。在通常情况下，双绞线扭绞得越密，其抗干扰能力越强。双绞线在传输距离、信道宽度和数据传输速度等方面与其他传输介质相比表现略差，但价格较为低廉。

双绞线可分为屏蔽双绞线（Shielded Twisted Pair，STP）和非屏蔽双绞线（Unshielded Twisted Pair，UTP）。

STP 内有一层由金属隔离膜组成的屏蔽层，如图 3-1-2 所示。因为该屏蔽层可以使 STP 在数据传输时减少电磁干扰，所以它的稳定性较高。STP 的价格不定，便宜的几元钱 1 m，贵的可能十几元钱甚至几十元钱 1 m。STP 结构如图 3-1-3 所示。非屏蔽双绞线没有金属隔离膜，UTP 结构如图 3-1-4 所示。

　　（a）　　　　　　　　（b）

图 3-1-1　双绞线实物图　　　　　图 3-1-2　STP 屏蔽层

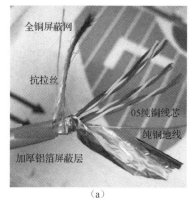

　　（a）　　　　　　　　（b）

图 3-1-3　STP 结构图

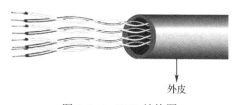

图 3-1-4　UTP 结构图

扫一扫看知识扩展：双绞线的常见类别

2．网线的线序

　　为保持最佳的兼容性，在制作网线时普遍采用 EIA/TIA-568B 的标准。要注意的是，在整个网络布线的过程中，应只采用一种网线标准。如果标准不统一，在施工时很容易出错，而在施工过程中一旦出现线缆差错，在成捆的线缆中是很难查找和剔除的。在最高传输速率为 10 Mbps、100 Mbps 的网线中，只使用 1、2、3、6 号线芯传递数据，即 1、2 号线芯用于发送数据，3、6 号线芯用于接收数据。按颜色来说，橙白、橙色两条线芯用于发送数据，绿白、绿色两条线芯用于接收数据，4、5、7、8 号线芯是双向线。在最高传输速率为 1000 Mbps 的网线中需要同时使用 4 对线，即 8 根线芯全部用于传递数据。

　　RJ-45 连接器的连接分为 EIA/TIA-568A 标准与 EIA/TIA-568B 标准两种线序，二者没有本质的区别，只是在颜色上有所不同。在连接时要保证线对的对应关系为：1、2 号线对是一个绕对，3、6 号线对是一个绕对，4、5 号线对是一个绕对，7、8 号线对是一个绕对。

　　EIA/TIA-568A 标准线序：白绿、绿、白橙、蓝、白蓝、橙、白棕、棕。

　　EIA/TIA-568B 标准线序：白橙、橙、白绿、蓝、白蓝、绿、白棕、棕。

EIA/TIA-568A 标准和 EIA/TIA-568B 标准网线线序如图 3-1-5 所示。

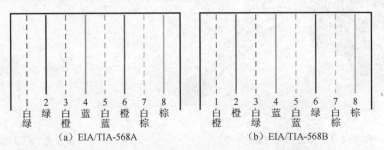

图 3-1-5　EIA/TIA-568A 标准和 EIA/TIA-568B 标准的网线线序

当双绞线两端使用的标准相同时，此线为直通线，也叫直连线，用于连接计算机与交换机、Hub（集线器）等，直通线线序如图 3-1-6 所示。

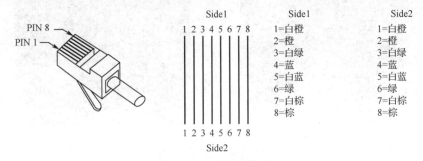

图 3-1-6　直通线线序

当双绞线两端分别使用不同的标准时，此线为交叉线，用于连接计算机与计算机，交换机与交换机等，交叉线线序如图 3-1-7 所示。可理解为同级设备间使用交叉线，不同级设备间使用直通线。在通常的工程中用作直通线时，使用 EIA/TIA-568B 标准的情况更多一些。

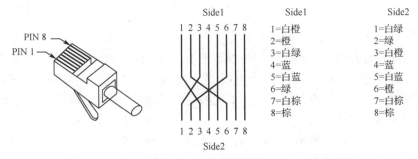

图 3-1-7　交叉线线序

双绞线在常用设备间的连接方式如表 3-1-1 所示。表中的 MDIX 指以太网集线器、以太网交换机等集中接入设备的接入端口类型；MDI 指普通主机、路由器等网上接口类型；Hub 指多端口的转发器；N/A 表示两者无法连接。

扫一扫看微课视频：网线制作比赛

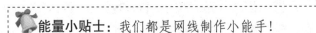

能量小贴士：我们都是网线制作小能手！

项目 3　通信线路的维护与排障

表 3-1-1　双绞线在常用设备间的连接方式

	主机	路由器	交换机 MDIX	交换机 MDI	Hub
主机	交叉	交叉	直通	N/A	直通
路由器	交叉	交叉	直通	N/A	直通
交换机 MDIX	直通	直通	交叉	直通	交叉
交换机 MDI	N/A	N/A	直通	交叉	直通
Hub	直通	直通	交叉	直通	交叉

3. 制作网线的工具及仪表

1）双绞线

双绞线（Twisted Pair，TP）是一种综合布线工程中最常用的传输介质，是由两根具有绝缘保护层的铜导线组成的。把两根绝缘的铜导线按一定密度互相绞在一起，每一根导线在传输中辐射出来的电波会被另一根线上发出的电波所抵消，能有效降低信号干扰的程度。

在网络搭建过程中，双绞线是必不可少的，它具有抗干扰能力强、经济实用等特点。如图 3-1-8 所示为双绞线在机房的排线图。

2）网线钳

网线钳是用来卡住 BNC 连接器的外套与基座的，它有一个用于压线的六角缺口，一般也同时具有剥线和剪线的功能。网线钳的功能多、结实耐用，能制作 RJ-45 网线接头、RJ-11 电话线接头、4P 电话线接头，能方便地进行切断、压线、剥线等操作，是安装网络、制作优质网线常备的工具。常见的网线钳接口细节如图 3-1-9 所示。

图 3-1-8　双绞线机房排线图

图 3-1-9　网线钳接口细节

网线钳的最前端是剥线口，它可以剥开双绞线的外皮；中间是压制 RJ-45 连接器的工具槽，可将 RJ-45 连接器与双绞线进行合成；距离手柄最近处是锋利的切线刀，可将双绞线切断。

3）水晶头 RJ-45

RJ-45 连接器是一种能沿固定方向插入并自动防止脱落的塑料接头，俗称水晶头。RJ-45

仪器仪表的标准操作与技巧

是一种网络接口规范，使用该规范制作的接口即 RJ-45 接口，类似的还有 RJ-11 接口，即平常使用的电话接口，用来连接电话线。人们把 RJ-连接器称为水晶头，是因为它的外壳材料采用高密度的聚乙烯，外表晶莹透亮。水晶头适用于设备间或水平子系统间的现场端接，每条双绞线的两头可通过安装水晶头与网卡端口、集线器、交换机或电话等设备相连。

水晶头的触点是 8 片很薄的铜片，将网线的绝缘皮拔掉后，把里面的 8 根铜丝放入水晶头，水晶头受到网线钳的压力，铜片便向内切入 8 根铜线的绝缘层并与铜丝接触，即可连通。

4）网络测试仪

在网线中心使用一台以上的主机时，须先检测网络测线仪的显示方式，显示方式有 4 种：正显（正序显示），显示路数时闪一次；倒显（倒序显示），显示路数时闪一次；正显，显示路数时闪两次；倒显，显示路数时闪两次。接下来，只需要依次把网线拉入主机的接线口中，即可持网络测线仪在终端处进行检测。某网络测线仪实物如图 3-1-10 所示。

网络测线仪的使用方法：将网线的一端接入网络测线仪的一个 RJ-45 插口，将另一端接入另一个 RJ-45 插口。在网络测线仪上有两组与之相对应的指示灯，开始测试后，这两组灯一对一地亮起来，如第一组是 1 号灯亮，则另一组也是 1 号灯亮，并依次闪烁直到 8 号灯亮。哪一组的灯没有亮，表示相应序号的线路有问题，因为网络测线仪上的指示灯一一对应，所以线

图 3-1-10 网络测线仪实物

路连接情况一般可以按照排线顺序推测出来。在通常情况下，如果水晶头的线序做错，要换个水晶头重新制作。

网络测线仪采用了先进的微电脑技术，网络中心用主机对所有网线时时发送检测信号，只需要一名工作人员在终端进行测试就能判断出该线路的状况，如正常、开路、短路、绞线，以及该网线在某主机的第几口等信息。一台主机可同时对 8 路网线进行检测，一般的主机有 2 个设置开关，可以实现在网线较多时同时使用多个主机的功能（1~4 个，一次最多可检测 32 路网线）。

下面将通过 2 个案例介绍网络测线仪在实际使用过程中存在的问题。

案例 1 在网络无法通信时的故障查找

某单位最近对办公室进行了重新装修，在装修时将办公场所做成了隔断形式。为了让每个隔断位置都能上网，在正式对办公场所进行装修之前，布线人员先对每个隔断位置进行网络布线。网线的一端放置在一楼的主机房内，另外一端放置在办公室的每个隔断位置处。在布置网线的时候，布线人员怕麻烦，就没有对每条网线分别做记号。待所有网线布置好后，布线人员却无法识别哪根网线对应的是哪个隔断位置。情急之下，布线人员只好找来网络测线仪，并安排两个人分别到办公室的每个隔断位置处和一楼的主机房处，通过网络测线仪对每根网线的连通性进行测试，以明确隔断位置和网线的对应关系。

在用网络测线仪测试网线的连通性时，一个人位于办公室的隔断位置处，另外一个人位于一楼的主机房处，两个人通过电话进行工作协调。在办公室隔断位置的工作人员先用网络测线仪将其中一根网线的一头连接好，在主机房的另一位工作人员再将网线的另一头连接至

项目3 通信线路的维护与排障

网络测线仪。如果网络测线仪的连通信号灯不亮,就表明插入网络测线仪两端的网线接头并不是同一根网线的接头,此时就换插其他网线的接头。当网络测线仪连通信号灯依次闪烁的时候,表明此时插入网络测线仪两端的网线接头是同一根网线的接头。按照这样的方法,布线人员很快就将有连通信号的网线接头找到了。

可是,在用这根测试连通的网线将计算机与主机房的交换机相连,并对该计算机的上网参数进行正确配置后,布线人员却发现该计算机无法上网。在打开该计算机的网络连接属性设置窗口后,布线人员发现该计算机只能向外发送信息,无法接收来自外部的信息。在排除网卡设备安装及上网参数设置等因素后,布线人员又重新将排查重点聚焦到网线上。这次,布线人员用网络测线仪找到具有连通信号的网线接头后,又将其他网线的接头插到网络测线仪中进行测试,结果发现对应办公室某隔断位置处的一个网线接头在主机房内竟有两根网线的接头能测试到连通信号。很显然,这样的网络连接测试结果是错误的,那为什么网络测线仪会测试出这种结果呢?又该怎样找到真正连通的网线呢?

按照理论分析,在某一时刻只能有一条网线被测试出有连通信号,但在测试中却发现有两条网线同时具有连通信号,于是布线人员顺着有连通信号的网线的走线位置进行排查,发现某一网线的接头并没有与接口模块进行连接,且该网线接头处的塑料外皮已经被剥开,内部几根铜线芯相互缠绕在一起。原来,在布置网线的时候,布线人员在制作该网络接口模块时,由于中途被其他事情干扰,把这个没有做完的模块给忘记了。这样一来,这根网线的一头其实发生了短接,另一头在用网络测线仪测试时,自然也是有连通信号的,这就是布线人员找到两个接头同时具有连通信号的原因。找到原因后,布线人员迅速将短接在一起的网络线芯分开,并重新做好了网络接口模块。当再次用网络测线仪测试时,发现此时只有一个线头具有连通信号。当用具有连通信号的网络线缆将计算机连接到交换机中进行上网测试时,发现计算机上网正常。

案例2 在网络通信不良时的故障查找

为顺利完成一项活动,办公室从其他部门抽调了一名员工协同工作,为便于新来的同事上网查找材料,办公室准备新买一台计算机,同时要求网络中心为办公室新增加一个网络接点。接到办公室布置的任务后,网络中心的工作人员迅速布下网线,并将网线的一头通过跳线的方式与墙壁上的模块插座相连,另外一头通过水晶头连接到网络测线仪的对应端口。开始测试后,网络测线仪控制面板中的连通信号灯依次处于闪亮状态,从测试结果来看,新布置的网线是没有问题的。

但在使用时,新同事发现,网络的连接状态非常不稳定,总是时断时续,而且在位于系统托盘区域处的本地连接图标上不时有红叉标志出现,计算机的上网速度非常缓慢。根据故障现象,工作人员起初认为是网络连接的接触不良,于是对相应的接口及设备分别进行了检查,但并没有发现可疑之处。接下来,工作人员又使用替换相关设备和端口的方法,并仔细查阅了相关网络测试报告,得出网卡设备安装、计算机系统本身、交换机连接端口及线缆的跳线方式都是正确的。在排除了上面这几种因素后,工作人员认为计算机通信时断时续的故障很有可能是网络接口模块到交换机之间的网络连接线路问题所引起的。

当工作人员再次使用网络测线仪对这段线路之间的网络连通性进行测试时,发现在网络测线仪控制面板中的信号灯仍然处于闪亮状态,这一结果表明这段网络线路是正常的。在万

般无奈之际，工作人员找来了一根备用的网线，将新计算机直接和交换机原来的端口连接在一起，结果发现新计算机上网速度立即恢复正常了。显然，连接模块的这段网线存在问题。于是，工作人员将网线的走线槽打开，然后对网线的具体走线线路进行仔细检查，终于发现故障的根源所在，原来在固定网线时，工作人员不小心将一根钉子钉在了网线上，这样就造成网络线芯内部出现了信号短路的故障，最终引起计算机上网时断时续的现象。在把出问题的网络线缆替换后，工作人员再次进行了上网测试，发现计算机的上网速度恢复正常了。

通过上面的两则故障实例，我们发现，在网络线路处于短路的情况下，网络测线仪对网线的连通性测试并不一定准确。如果我们一味地相信网络测线仪的测试结果，就很容易在排除网络连接故障时多走弯路，所以要学会辩证地看问题。

3.1.2 网线的制作步骤

本章的课堂任务为制作网线，主要的操作步骤如下。

1. 剪断

从线箱中根据实际走线情况取出一定长度的网线后，使用网线钳将其剪断。注意：当有多余的网线布放在两终端间时，应按照实际需要的长度将其剪断，而不应将其卷起并捆绑起来。

2. 剥皮

网线钳剥线口的刀口在合拢后是有缝隙的，刚好可以切入线材的外皮而不会切入线材的内芯，方便剥离线材的外皮。在剥线时，将网线放入剥线口后，合拢手柄使刀口合并，并旋转网线几圈，然后顺网线的主体方向稍微用力缓缓拉动，此时外皮将顺着线头脱离。要注意应从端口开始将网线外皮剥去大于 40 mm，并露出 4 对线芯。旋转及拉出网线操作分别如图 3-1-11 和图 3-1-12 所示。

图 3-1-11 旋转网线操作

图 3-1-12 拉出网线操作

在操作时，注意不要损伤到网线的线芯，网线线芯的外皮不需要剥掉。应在将双绞线反向缠绕开后，根据 EIA/TIA-568B 或 EIA/TIA-568A 标准排好线序。

在剥皮时应注意线材的剥口一定要整齐，剥去的线材长度不应超过 15 mm，以保证最终成品的芯线不会裸露在水晶头外。剥线过长一是不美观，二是由于网线不能被水晶头卡住，容易导致网线与水晶头的连接部分松动，三是容易引起较大的近端串扰；剥线过短的话会存在外表皮，很难将线芯完全插到水晶头的底部，可能会使水晶头针脚不能与网线线芯良好接触。

3．排序

在剥除外表皮后即可看到网线 4 个线对的 8 条线芯，还可以发现每对线芯的颜色都不相同。每对缠绕的两根线芯由一种染有相应颜色的全色线芯加上一条只染有少许相应颜色并与白色相间的线芯组成。4 条全色线芯的颜色分别为棕色、橙色、绿色、蓝色。每对线都是相互缠绕在一起的，在制作网线时需要将 4 个线对的 8 条线芯一一拆开、理顺、捋直，然后按照规定的线序排列整齐，如图 3-1-13 所示。

图 3-1-13　排列线序

在排序时注意：将水晶头有弹片的一面向下，有针脚的一面向上，使有针脚的一端指向远离自己的方向，有方形孔的一端对着自己。此时，最左边的针脚是第 1 脚，最右边的针脚是第 8 脚，其余针脚按照顺序依次排列。

4．剪齐

把线芯尽量抻直（不要缠绕）、压平（不要重叠）、挤紧并理顺（朝一个方向紧靠），然后用网线钳把线头剪齐。这样，在双绞线插入水晶头后，每条线芯都能良好接触水晶头中的针脚。如果剥去的表皮过长，可以将过长的线芯剪短，使去掉外层绝缘皮的线芯不超过 15 mm，这个长度正好能将各线芯插入各自的线槽中。

5．插入

用拇指和中指捏住水晶头，使有弹片的一面向下，有针脚一面朝向自己，并用食指抵住。用另一只手捏住双绞线外面的胶皮，缓缓用力将 8 条线芯同时沿 RJ-45 水晶头的 8 个线槽插入，一直插到线槽的顶端。同时，应保证线缆的护套也恰好进入水晶头，如图 3-1-14 所示。

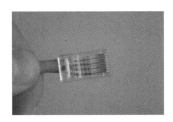

图 3-1-14　将网线插入插头

6．压制

确认所有线芯的位置正确，并透过水晶头检查线序无误后，就可以用网线钳压制 RJ-45 水晶头了。将 RJ-45 水晶头推入网线钳的夹槽后，用力握紧网线钳，将突出在外面的针脚全部压入水晶头内，如图 3-1-15 所示。

仪器仪表的标准操作与技巧

图 3-1-15 压制水晶头

7. 测试

在网线做好后一定要用网络测线仪进行测试，若在安装以后再进行查错将会非常麻烦。在网络测线仪的面板上提供了 8 个指示灯以对应接线情况，通过指示灯可以清楚地知道线序的情况。如果测试仪上的 8 个指示灯依次闪烁绿灯，表明网线制作成功；如果指示灯不按顺序循环点亮，说明线序接错；如果个别指示灯不亮，则说明存在断线问题。

如果出现任何一个灯为红灯或黄灯，都证明线缆存在断路或接触不良的问题。此时最好先把两端水晶头用网线钳再压制一次并再次进行测试，如果依旧存在问题，就需要检查两端线芯的排列顺序是否一致，如果线芯顺序不一致，应剪掉其中的一端并重新按另一端线芯的排列顺序制作水晶头，如果线芯顺序一致，但测试仪在重测后仍显示红灯或黄灯，则表明其中存在对应线芯接触不良的问题。如果故障排除，则不必重做另一端的水晶头，否则需要把另一端的水晶头也剪掉重做，直至在测试时全都为绿色指示灯循环点亮。如果做的是直通线，指示灯应按顺序依次循环点亮；如果做的是交叉线，指示灯应按 3、6、1、4、5、2、7、8 号灯的顺序依次点亮。

项目3 通信线路的维护与排障

任务单

1. 任务目标

（1）能够理解网线的原理；
（2）能正确完成两种网线的制作和测试，掌握网线测试仪和网线结构。

2. 仪器仪表工具需求单

表 3-1-2 仪器仪表工具需求单

序号	仪器	工具/材料
1		
2		
3		
4		
5		
6		
7		

3. 小组成员及分工

表 3-1-3 小组成员及分工

职位	姓名	分工
组长		
组员1		
组员2		
组员3		
组员4		

4. 任务要求

（1）完成双绞线制作任务，制作直通线一根，将操作步骤填入表3-1-4。

表 3-1-4 制作直通线的操作步骤

操作步骤序号	操作内容	重难点
1		
2		
3		
4		
5		
6		
7		
8		

仪器仪表的标准操作与技巧

操作结果展示（可以附照片）：

（2）完成双绞线制作任务，制作交叉线一根，将操作步骤填入表 3-1-5。

表 3-1-5　制作交叉线的操作步骤

操作步骤序号	操作内容	重难点
1		
2		
3		
4		
5		
6		
7		
8		

操作结果展示（可以附照片）：

项目3 通信线路的维护与排障

评价总结

1. 自我评价

序号	评价内容	是否达到（1表示达到，0表示未达到）
1	了解网线的作用	
2	熟悉网线的基本工作原理	
3	熟悉网线的线序	
4	了解网线的分类	
5	熟悉网线的制作步骤	
6	质量达标1	
7	质量达标2	
8	质量达标3	
你觉得以上哪项内容操作最熟练		
在操作过程中，遇到哪些问题，你是如何解决的		
你认为在以后的工作中哪些内容会要求熟练掌握		

2. 小组评价

序号	评价内容	是否完成（1表示完成，0表示未完成）
1	正确完成网线制作	
2	团队合作完成	
3	任务按时完成	

3. 教师评价

序号	评价内容	是否完成（1表示完成，0表示未完成）
1	任务质量达标	
2	课程互动参与	
3	思路创新	
4	5S 环境	

扫一扫看网线的制作与测试练习题与答案

扫一扫下载网线的制作与测试测试题

仪器仪表的标准操作与技巧

任务 3.2　综合配线架的分类与制作

任务思维导图

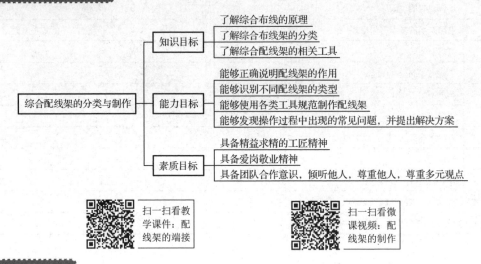

任务内容

通过完成本项目任务 3.2，学会利用双绞线及网络配线架搭设小型局域网络，供站点内设备使用。

知识准备

点睛：配线架是管理子系统中最重要的组件，是实现垂直干线和水平布线两个子系统交叉连接的枢纽。配线架通常安装在机柜或墙上。通过安装附件，配线架可以全线满足 UTP、STP、同轴电缆、光纤、音视频的需求。在网络工程中常用的配线架有双绞线配线架和光纤配线架。根据使用地点、用途的不同，分为总配线架和中间配线架两大类。

历史时刻：维基百科的资料显示：综合布线是由语音系统逐步发展起来的。1875 年，贝尔发明电话后，无须专人翻译的有线即时通信便逐步兴起。1836 年约翰•库克发明的电报虽然也能进行即时通信，但通信时需要将文字翻译成电码才能发送出去，比较麻烦。所以，电话机发明后，世界各地便都建立了电话局。第二次世界大战后，电话机开始从电话局进入寻常百姓家。随着智能楼宇在美国的兴起及每家每户越来越多的电话安装，加上其他各种布线系统，使得大楼的各个系统越来越多。传统独立的布线系统已经不能满足安全、舒适、便捷等需求了。因此，在 1980 年代末期，美国电话电报公司（AT&T）推出了综合布线系统（SCS），并推出了 110 配线架等。

配线架实物如图 3-2-1 所示。

ISO/IEC 11801：2002 配线架——适用于以跳线方式进行连接的配线装置器，它使布线系统的移动和改变更加便利。

ANSI/TIA-568B 配线架——由方便管理的成对的连接器构成的交叉连接系统。

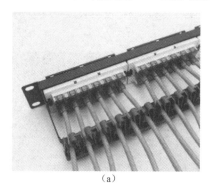
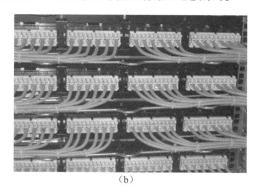

图 3-2-1　配线架实物图

配线架是起到管理作用的设备，如果没有配线架，前端的设备将直接接入交换机，线缆一旦出现问题，就需要进行重新布线。另外，配线架可以通过更换跳线的方式实现较好的管理，解决了因多次插拔引起的交换机端口损坏的问题。

扫一扫看综合配线架的特点

1. 综合配线架的特点

综合布线同传统的布线相比较，优越性主要表现在其兼容性、开放性、灵活性、可靠性、先进性和经济性方面，在设计、施工和维护方面也给人们带来了许多便利。

2. 综合配线架的分类

1）双绞线配线架

双绞线配线架大多被用于水平配线。前面板用于连接集线设备的 RJ-45 端口，后面板用于连接从信息插座延伸过来的双绞线。双绞线配线架主要有 24 口和 48 口两种形式。在屏蔽布线系统中，应当选用屏蔽双绞线配线架，以确保屏蔽系统的完整性。

某配线架整理线缆示意如图 3-2-2 所示。

双绞线配线架的作用是在管理子系统时将双绞线进行交叉连接，多用在主配线间和各分配线间中。双绞线配线架的型号有很多，

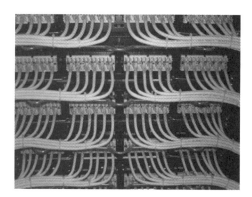

图 3-2-2　配线架整理线缆

每个厂商都有自己的产品系列，且对应三类、五类、超五类、六类和七类的线缆也有不同的规格和型号。在具体项目中，应参阅产品手册，根据实际情况进行配置。

2）光纤终端盒

光纤终端盒是一条光缆的终接头，它的一头是光缆，另一头是尾纤，相当于把一条光缆拆分成单条光纤的设备。光纤终端盒大多被用于垂直布线和建筑群布线，根据结构的不同，可分为壁挂式光纤终端盒和机架式光纤终端盒。

仪器仪表的标准操作与技巧

壁挂式光纤终端盒可以直接将机身固定在墙体上，一般为箱体结构，适用于光缆条数和光纤芯数都较少的场所。

机架式光纤终端盒可以直接将机身安装在标准机柜中，适用于规模较大的光纤网络，光纤终端盒如图 3-2-3 所示。用户可根据光缆的数量和规格选择对应的模块，便于网络的调整和扩展，光纤配线架如图 3-2-4 所示。

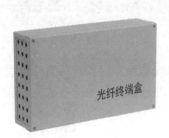

图 3-2-3　光纤终端盒

图 3-2-4　光纤配线架

3）适配器

适配器是一种使不同尺寸或类型的插头与信息插座相匹配，从而使光纤连接的应用系统设备顺利接入网络的器件。适配器一般被固定在光纤终端盒或信息插座上，用于实现光纤连接器之间的连接，并使光纤之间保持正确的对准角度。

在通常情况下，终端设备可以通过跳线的方式连接至信息插座，无须使用任何适配器。当终端设备与信息插座间的插头不匹配或与线缆的阻抗不匹配，无法直接使用信息插座时，就要借助适当的适配器或平衡/非平衡转换器进行转换，从而实现终端设备与信息插座之间的相互兼容。

4）总配线架

总配线架（简称 MDF）是连接用户线路和局内相应用户设备的配线架，起到测试线路、配线和保护局内设备的作用。

总配线架一面是直列（纵列），一面是横列，直列可安装保安排，横列一般会安装试验排或接线排。对于不需要保护的中继线或专线，也可将试验排或接线排装入直列。同型号的总配线架为适应扩建的需要可以进行拼接。传统总配线架由于容量小，一般多采用箱式结构。早期的总配线架体积大，每直列的最大容量为 303 回线。保安排采用每块 20 回线或 21 回线的炭精避雷器并采用热线圈限制电流；试验排为每块 20 回线，采用四线弹片式结构，隔开弹片就可以分开引入线和引出线。新型总配线架为更好地配合程控交换机，缩小了体积，减小了质量，每直列可容 1000 回线。保安排为每块 100 回线，采用金属放电管以防止高压和过流现象出现；试验排为每块 128 回线，可分离接触簧片，便于分隔线路进行测试。新型总配线架与接线端相连接的导线均有各自独立的走线槽，在安装维护时比较方便。新型总配线架的保安排采用卡接的方式进行接线，在卡接时不需要剥除导线的绝缘层；试验排采用绕接的方式进行接线。这两种接线方式均具有简便、可靠、迅速、无污染的特点。

总配线架的主要功能：①保安作用：对用户线触碰高压电线或流过较大电流起到保护作用。②配线：任何用户均可选择通信局内的编号，不同通信局间的中继线可以选择占用通信局内的中继模块，以及根据专线的需要连通通信局间和相关用户线。

5）中间配线架

中间配线架（简称IDF）是连接电话交换机内部机间出入线的配线架。其结构也分为直列和横列两面，直列连接设备的出线，横列连接设备的入线，直列和横列均装置接线排。中间配线架的功能主要是调配各级交换设备间的出入线，以充分发挥各级交换设备的作用。

3．综合配线架的应用

网络配线架是在局端对前端信息点进行管理的模块化设备。

前端的信息点线缆（超5类或6类线）进入设备间后先进入配线架，将线打在配线架的模块上，然后用跳线（RJ-45接口）连接配线架与交换机。

总体来说，配线架是用来管理的设备，如果没有配线架，前端的信息点直接接入交换机，线缆一旦出现问题，就需要重新布线。此外，在管理上也比较混乱，多次插拔可能引起交换机端口的损坏。配线架的存在就解决了这个问题，可以通过更换跳线来实现较好的管理。使用配线架整理好的线缆，看起来也很简洁美观，如图3-2-5所示。

图3-2-5 整理好的线缆

4．制作配线架的工具

1）RJ-45插座模块

常见的RJ-45模块是布线系统中连接器的一种，连接器由插头和插座组成。这两种元件组成的连接器连接于导线之间，以实现导线的电气连续性。RJ-45模块就是连接器中最重要的一种插座。

RJ是Registered Jack的缩写，意思是"注册的插座"。在FCC（美国联邦通信委员会标准和规章）中的定义是，RJ是描述公用电信网络的接口，常用的有RJ-11和RJ-45，计算机网络的RJ-45是标准8位模块化接口的俗称。在以往的四类、五类、超五类，以及六类布线中，采用的都是RJ型接口。在七类布线系统中，将允许"非-RJ型"的接口，如2002年，西蒙公司开发的TERA七类连接件被正式选为"非-RJ"型七类标准工业接口的标准模式。TERA连接件的传输带宽高达1.2 GHz，超过目前正在制定中的600 MHz七类标准传输带宽。

RJ-45由插头和插座组成，这两种元器件组成的连接器连接于导线之间，以实现导线的电气连续性。RJ-45模块的核心是模块化插孔。镀金的导线或插座孔可维持与模块化的插座

仪器仪表的标准操作与技巧

弹片间稳定而可靠的电气连接。由于弹片与插孔间的摩擦作用，电接触随着插头的插入而得到进一步加强。插孔主体设计采用整体锁定机制，这样当模块化插头插入时，插头和插孔的界面外可产生最大的拉拔强度。RJ-45模块上的接线模块通过"U"形接线槽来连接双绞线，锁定弹片可以在面板等信息出口装置上固定RJ-45模块。

信息模块或RJ-45连插头与双绞线端接有T568A或T568B两种结构，如图3-2-6所示为信息模块。在T568A中，与之相连的8根线分别定义为：白绿、绿；白橙、蓝；白蓝、蓝；白棕、棕。在T568B中，与之相连的8根线分别定义为白橙、橙；白绿、绿；白蓝、蓝；白棕、棕。其中定义的差分传输线分别是白橙色和橙色线缆、白绿色和绿色线缆、白蓝色和蓝色线缆、白棕色和棕色线缆。信息模块颜色标识，如图3-2-7所示。

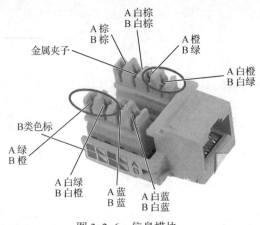

图3-2-6 信息模块

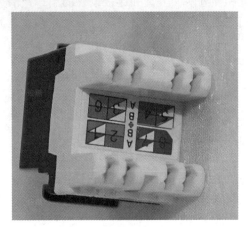

图3-2-7 信息模块颜色标识

为达到最佳兼容性，制作直通线时一般采用T568B标准。RJ-45水晶头针顺序号应按照如下方法进行观察：将RJ-45插头正面（有铜针的一面）朝自己，有铜针一面朝上方，连接线缆的一面朝下方，从左至右将8个铜针依次编号为1～8。

塑料线柱的结构如图3-2-8所示，每个塑料线柱内嵌有一个弹性刀片，塑料线柱应能满足工作环境温度-10℃～+60℃永久不变形的可靠工作需求。

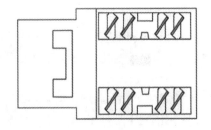  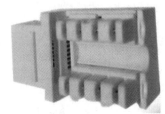

图3-2-8 塑料线柱结构图

网络通信领域常见的有四种基本RJ模块插座，每一种基本的插座可以连接不同构造的RJ。例如，一个6芯插座可以连接RJ-11（1对）、RJ-14（2对）或RJ-25C（3对）；一个8芯插座可以连接RJ-61C（4对）和RJ-48C。8芯（Keyed）可连接RJ-45S、RJ-46S和RJ-47S。

RJ-45模块的核心是模块化插孔。镀金的导线或插座孔可维持与模块化插头弹片间稳定而可靠的电气连接。由于弹片与插孔间的摩擦作用，电接触随插头的插入而得到进一步加强。

插孔主体设计采用了整体锁定机制,这样当模块化插头(如 RJ-45 插头)插入时,插头和插孔的界面处可产生最大的拉拔强度。

RJ-45 模块上的接线块通过线槽来连接双绞线,锁定弹片可以在面板等信息出口装置上固定 RJ-45 模块。图 3-2-9 分别是 RJ-45 模块的正视图、侧视图、立体图。图 3-2-10 为信息模块六类结构。

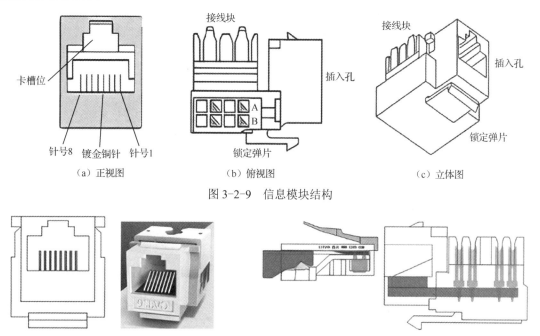

图 3-2-9 信息模块结构

图 3-2-10 信息模块六类结构

在一些新型的设计中,多媒体应用的模块接口看起来甚至与标准的数据/语音模块接口没有太大的区别,这种趋于统一模块化的设计方向带来的好处是各模块使用同样大小的空间及安装配件。如图 3-2-11 所示为模块化应用接口。

图 3-2-11 模块化应用接口

2)卡线钳(打线刀)

卡线钳是用来卡住 BNC 连接器外套与基座的,它有一个用于压线的六角缺口。卡线钳是用来卡住 BNC 连接器外套与基座的。卡线钳如图 3-2-12 所示。

在制作传统信息模块的过程中,打线是必不可少的一部分(见图 3-2-13)。打线模块使用灵活,接触性好,后期维护故障少,常用于网络布线中。

网络模块有多种结构和形状,下面用图片形式分别进行介绍。

普通非屏蔽 5 类网络模块,简称 5 类模块,如图 3-2-14 所示。

仪器仪表的标准操作与技巧

常见的非屏蔽 5e 类网络模块，简称 5e 类模块，如图 3-2-15 所示。

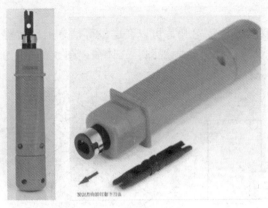

图 3-2-12　卡线钳

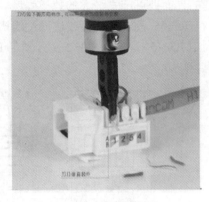

图 3-2-13　卡线钳打线

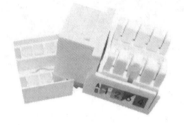

图 3-2-14　5 类模块

图 3-2-15　5e 类非屏蔽网络模块

非屏蔽 6 类网络模块，简称 6 类模块，如图 3-2-16 所示。

图 3-2-16　6 类非屏蔽网络模块

目前，屏蔽网络模块的结构有多种，不同品牌的产品结构不尽相同。下面选择一种锌合金外壳的 6 类屏蔽网络模块介绍其基本机械结构和电气工作原理，如图 3-2-17 所示。

图 3-2-17　6 类屏蔽网络模块

网络模块由 2 个塑料注塑件、1 块 PCB、8 个刀片、8 个弹簧插针组成，其中刀片长 12 mm、宽 4 mm。线芯压入塑料线柱时，被刀片划破绝缘层，夹紧铜导体，实现电气连接功能。网络模块如图 3-2-18 所示。

图 3-2-18　网络模块结构示意图

塑料压盖设计有 8 个卡线槽，上部为圆弧，下部为矩形凹槽，中间为穿线孔，两面有线序标记，如图 3-2-19 所示。

 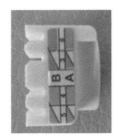 

图 3-2-19　塑料压盖图

如图 3-2-20 所示，锌合金屏蔽外壳由 3 个铸件组成，中间为 RJ-45 插口，上部设计有与配线架固定的卡台，两边为活动压盖。

图 3-2-20　锌合金屏蔽外壳

常用屏蔽网络模块有多种结构和形状，常用的规格包括 5e 类、6 类、6A 类、7 类等。

(1) 5e 类屏蔽网络模块机械结构如图 3-2-21 所示,采用锌合金屏蔽外壳,抗干扰能力强,50 μm 镀金接触针片,电气接触和传输稳定,具有良好的抗氧性。该类模块的安装使用方法如图 3-2-21 和图 3-2-22 所示。

图 3-2-21　5e 类屏蔽网络模块机械结构示意图

1.剥掉网线外皮　　2.剪掉撕拉线和十字骨架　　3.把防尘盖套进网线中　　4.把网线放入防尘盖中,按568A/568B颜色编码

5.剪掉防尘盖外面多余网线　　6.完成的防尘盖槽内网线位置　　7.将防尘盖正确安装在模块上面　　8.将两边护套盖扣紧,用线扎绑紧

图 3-2-22　5e 类屏蔽网络模块的安装使用方法

(2) 6A 类屏蔽网络模块的机械结构如图 3-2-23 所示。

图 3-2-23　6A 类屏蔽网络模块的机械结构

7 类屏蔽网络模块的机械结构和应用如图 3-2-24 所示,采用锌合金屏蔽外壳,抗干扰能力强,50 μm 镀金接触针片,电气接触和传输稳定,具有良好的抗氧性。

图 3-2-24　7 类屏蔽网络模块结构和应用示意图

3）网线配线架

配线架是用在局端对前端信息点进行管理的模块化设备。前端的信息点线缆（超5类或6类线）进入设备间后先进入配线架，将线打在配线架的模块上，然后用跳线（RJ-45接口）连接配线架与交换机。配线架是用来进行管理的设备，如果没有配线架，前端的信息点直接接入交换机，线缆一旦出现问题，就会面临要重新布线的问题。配线架如图3-2-25所示。

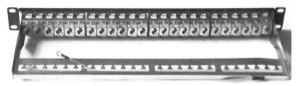

图3-2-25 配线架

此外，在管理上也比较混乱，多次插拔可能引起交换机端口的损坏。配线架就解决了这个问题，可以通过更换跳线来实现较好的管理。图3-2-26所示为配线架安装完成图。

用法和用量主要是根据总体网络点的数量、该楼层及相近楼层的具体情况，要根据系统图设计的网络点数量来配置。

不同的建筑、不同的系统设计主设备间的配线架都会不同。例如，一栋建筑只有4层，主设备间设置在一层，所有楼层的网络点均进入该设备间，配线架的数量就等于该

图3-2-26 配线架安装完成图

建筑所有的网络点/配线架端口数（24口、48口等），并加上一定的余量；例如，一栋建筑有9层，主设备间设置在4层，为避免线缆超长，可能每层均设有分设备间，且有交换设备。主设备间的配线架就等于4层的网络点数量/配线架端口数（24口、48口等）。

5. 网络配线架的端接及测试

1）剥线

首先，在距离双绞线末端约3 cm处，用剥线钳剥除其外皮，然后用剪刀剪去撕剥线。在剥皮的过程中要注意，线头需要放在剥线钳的刀口处，将双绞线慢慢旋转，直至刀口将其保护套划开，再拔下胶皮。

2）放线芯

接下来就要将剥掉胶皮的线放入信息模块的凹槽内，此时护套部分需伸入槽内约2 mm。打开模块，可以看到CAT 5e/6的标识及T568A/T568B通用线序标签清晰注于模块上。这里需要注意，有两种将线芯放入卡槽的方式：一种是将两根绞在一起的线对分开并卡到槽位上；

另一种是不开绞,从线头处挤开线对,将两个线芯同时卡入相邻槽位。可根据自己的习惯灵活选择。在凹槽内,一般都会有色标和 A、B 标记,标记 A 表示按 T568A 规则打线,标记 B 表示按 T568B 规则打线。

将导线按所定的线序要求依次嵌在对应的端接模块线槽中,一般采取 T568B 打法(即白橙、橙、白绿、绿、白蓝、蓝、白棕、棕)。首先根据模块上的图标,将线与凹槽一一对应。将绿对与橙对的线两边分开放入对应的 IDC 打线端口并拉紧,然后用专用单对端接工具(俗称卡线钳)进行压制。棕对的节距较大,需绞紧一圈,避免头部线缆扳直后会松开,然后把两对线按色标放好,再用专用单对端接工具进行压制,如图 3-2-27 所示。

图 3-2-27 放线芯

3)打线

在线对全部放入相对应的槽位后,再仔细检查一遍线的顺序是否正确,待确定无误后,再用卡线钳来进行压线。压线时,卡线钳需要与模块垂直,刀口向外,将每一条线芯压入槽位内后,打线要打到底,以听到"喀嗒"声为准,将伸出槽位的多余线头剪断。

盖上压接帽,最终压接效果如图 3-2-28 所示。

图 3-2-28 盖上压接帽

模块压接好后,打线工作就进入收尾阶段了。最后给模块安装上保护帽,然后把线板卡入槽内,这样一个信息模块就完成了。

4)上架

将已完成压接的模块置于背板背部,如图 3-2-29 所示(为安全起见,本次实验先将模块上架再打线)。

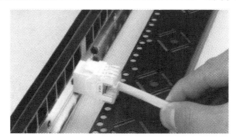

图 3-2-29　模块置于背板背部

用力使模块插入背板背部卡座，如图 3-2-30 所示；其他端口的安装方法和上面一样。

图 3-2-30　配线架正面图

成型的网络配线架如图 3-2-31 所示。

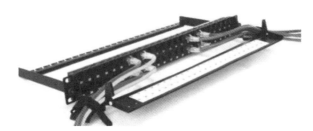

图 3-2-31　成型的网络配线架

5）测试

将网线插接到打好的配线架上，用网线测试仪进行测试。

仪器仪表的标准操作与技巧

任务单

1. 任务目标

(1)能够理解网络配线架的原理；
(2)能正确完成两种综合配线架的端接制作和测试。

2. 仪器仪表工具需求单

表 3-2-1　仪器仪表工具需求单

序号	仪器	工具/材料
1		
2		
3		
4		
5		
6		
7		

3. 小组成员及分工

表 3-2-2　小组成员及分工

职位	姓名	分工
组长		
组员 1		
组员 2		
组员 3		
组员 4		

4. 任务要求

(1)完成综合配线架制作任务，制作 T568A 线一根，将操作步骤填入表 3-2-3。

表 3-2-3　制作 T568A 线的操作步骤

操作步骤序号	操作内容	重难点
1		
2		
3		
4		
5		
6		
7		
8		

操作结果展示（可以附照片）：

（2）完成综合配线架制作任务，制作 T568B 线一根，将操作步骤填入表 3-2-4。

表 3-2-4　制作 T568B 线的操作步骤

操作步骤序号	操作内容	重难点
1		
2		
3		
4		
5		
6		
7		
8		

操作结果展示（可以附照片）：

仪器仪表的标准操作与技巧

评价总结

1. 自我评价

序号	评价内容	是否达到（1表示达到，0表示未达到）
1	了解综合配线架的作用	
2	熟悉综合配线架的基本工作原理	
3	熟悉综合配线架的制作步骤	
4	质量达标1	
5	质量达标2	
6	质量达标3	
你觉得以上哪项内容操作最熟练		
在操作过程中，遇到哪些问题，你是如何解决的		
你认为在以后的工作中哪些内容会要求熟练掌握		

2. 小组评价

序号	评价内容	是否完成（1表示完成，0表示未完成）
1	正确完成综合配线架制作	
2	团队合作完成	
3	任务按时完成	

3. 教师评价

序号	评价内容	是否完成（1表示完成，0表示未完成）
1	任务质量达标	
2	课程互动参与	
3	思路创新	
4	5S环境	

项目 3　通信线路的维护与排障

任务 3.3　通信电缆的结构与识别

任务思维导图

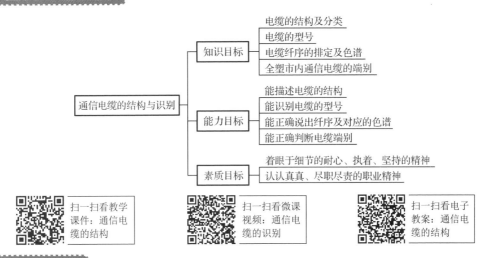

任务内容

通过完成本项目任务 3.3，学会通信电缆的结构与识别方法。

知识准备

点睛：电缆通信线路是长途有线电通信的重要线路，也是国防通信网的重要组成部分。通信电缆线路使用年限较长、通信距离较远、容量大、质量高、稳定可靠、保密性好，可以开通电话、电报、传真和数据传输，同轴电缆还可以开通电视。但初建工程量大，费用高，线路传输衰耗大，施工维护技术作业比较复杂，遭到破坏后不易快速修复。

3.3.1　通信电缆线路的组成

1. 电话通信系统的基本构成

电话通信系统能够完成终端间电话信号的传输和交换，为终端提供良好的服务，其基本构成如图 3-3-1 所示。

2. 本地电话网

本地电话网是指在一个封闭编号区内，由若干个端局（或端局与汇接局）、局间中继线、长市中继线及端局的用户线、电话机和用户交换机所组成的自动电话网。

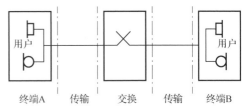

图 3-3-1　电话通信系统的基本构成

本地电话网的主要特点是在一个长途编号区内只有一个本地网，同一个本地电话网的用户间相互呼叫只需拨打本地电话号码，而呼叫本地电话网以外的用户则要按照长途电话呼叫程序进行拨号。

我国的本地电话网有两种类型：
（1）特大城市、大城市本地电话网；
（2）中、小城市及县级地区本地电话网。

3. 两级网的网络结构

两级网采用通信树形拓扑结构，主要可以分为两大部分：长途部分和本地部分。两级网的网络结构如图 3-3-2 所示。

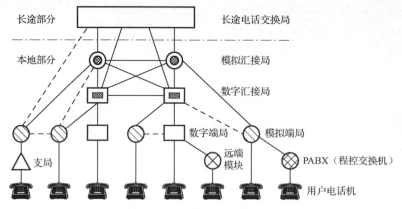

图 3-3-2　两级网的网络结构

3.3.2　全塑电缆的结构、分类、型号

1. 全塑电缆的结构

全塑市内通信电缆（也称全塑电缆）由缆芯、屏蔽层、护套层组成。缆芯主要由线芯、绝缘层、扎带及包带层组成，线芯由金属导线和导线绝缘层组成，导线的材质一般为电解软铜，线径主要有 0.32 mm、0.4 mm、0.5 mm、0.6 mm、0.8 mm 5 种。全塑电缆的结构如图 3-3-3 所示。

图 3-3-3　全塑电缆的结构

2. 全塑电缆的分类

（1）按电缆结构类型分为填充型和非填充型全塑电缆；
（2）按导线材料分为铜导线型和铝导线型全塑电缆；
（3）按线芯绝缘结构分为实心绝缘型和泡沫绝缘型全塑电缆；

（4）按线芯扭绞方式分为对绞式和星绞式全塑电缆；

（5）按色谱分为全色谱型和普通色谱型全塑电缆。

以线芯扭绞为例，线芯扭绞是为了减少线对之间的电磁耦合并提高线对之间的抗干扰能力而将一对线芯的两根导线均匀地绕着同一轴线旋转，常用的扭绞方式有对绞式和星绞式两种，如图 3-3-4 和图 3-3-5 所示。

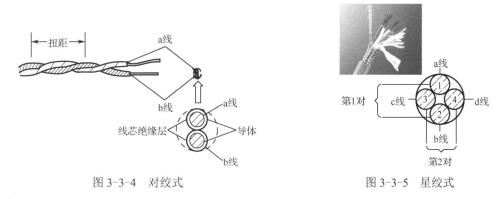

图 3-3-4 对绞式　　　　　　　　　　图 3-3-5 星绞式

3. 电缆型号

电缆型号是识别电缆规格和用途的代号。电缆型号可将电缆按照用途、线芯结构、导线材料、绝缘材料、护套层材料、外护层材料等要素进行分类，分别用不同的字母和数字表示出来。电缆型号的命名格式如图 3-3-6 所示，在电缆型号中各代号的含义如表 3-3-1 所示。

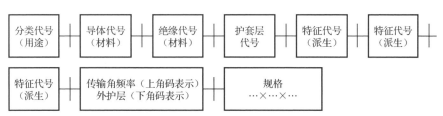

图 3-3-6 电缆型号的命名格式

表 3-3-1 在电缆型号中各代号的含义

类别、用途	导 体	绝 缘 层	护 套 层	特 征	外 护 层
H—市内通信电缆	T—铜（可省略不标）	Y—实心聚乙烯绝缘层 YF—泡沫聚乙烯绝缘层 YP—泡沫/实心聚乙烯绝缘层	A—涂塑铝带黏结屏蔽聚乙烯护套	T—石油膏填充	23—双层防腐钢带绕包铠装聚乙烯外护层
HP—配线电缆				G—高频隔离	32—单层细钢丝铠装聚乙烯外护层
HJ—局用电缆	G—钢 L—铝	V—聚氯乙烯绝缘层 M—棉纱绝缘层 Z—纸绝缘层	S—铝、钢双层金属带屏蔽聚乙烯护套 V—聚氯乙烯护套	C—自承式 B—扁平 P—屏蔽	43—单层粗钢丝铠装聚乙烯外护层 53—单层钢带皱纹纵包铠装聚乙烯外护层 553—双层钢带皱纹纵包铠装聚乙烯外护层

示例：HTYA—100×2×0.4

解析：表示该电缆是铜芯（T 可省略）、实心聚乙烯绝缘层（Y）、涂塑铝带黏结屏蔽聚乙烯护套（A）、容量为 100 对（100）、对绞式（2）、线径为 0.4 mm（0.4）的市内通信全塑电缆（H）。

4．通信电缆的应用

各种类型全塑电缆的使用场合如表 3-3-2 所示。

表 3-3-2　各种类型全塑电缆的使用场合

电缆类型		无外护层电缆	自承式电缆	有外护层电缆				
				单层钢带纵包	双层钢带纵包	双层钢带绕包	单层细钢丝绕包	单层粗钢丝绕包
电缆型号		HYA	HYAC	—	—	—	—	—
		HYFA						
		HYPA						
		HYAT	—	HYAT53	HYAT553	HYAT23	HYAT33	HYAT43
		HYFAT	—	HYFAT53	HYFAT553	HYFAT23		
		HYPAT	—	HYPAT53	HYPAT553	HYPAT23		
主要使用场合		管道/架空	架空	直埋	直埋	直埋	水下	水下
使用条件		电缆的工作环境温度为-30 ℃～+60 ℃，敷设环境温度应不低于-5 ℃						

3.3.3　线芯色谱

线芯色谱一般可通过全色谱来表示。

全色谱的含义是指在电缆中的任何一对线芯都可以通过各级单位的扎带颜色及线对的颜色进行识别，通俗来说就是给出线号就可以找出线对，看到线对就可以说出线号。

全色谱包含了由 2 根 5 种颜色的线两两组合而成的 25 个线对组合。

a 线：白、红、黑、黄、紫。

b 线：蓝、橙、绿、棕、灰。

a 线又称引导色谱，b 线又称循环色谱，全色谱与线对编号色谱如表 3-3-3 所示。

表 3-3-3　全色谱与线对编号色谱表

| 线对编号 | 颜色 | | 线对编号 | 颜色 | | 线对编号 | 颜色 | | 线对编号 | 颜色 | | 线对编号 | 颜色 | |
	a	b		a	b		a	b		a	b		a	b
1	白	蓝	6	红	蓝	11	黑	蓝	16	黄	蓝	21	紫	蓝
2	白	橙	7	红	橙	12	黑	橙	17	黄	橙	22	紫	橙
3	白	绿	8	红	绿	13	黑	绿	18	黄	绿	23	紫	绿
4	白	棕	9	红	棕	14	黑	棕	19	黄	棕	24	紫	棕
5	白	灰	10	红	灰	15	黑	灰	20	黄	灰	25	紫	灰

全色谱电缆缆芯有 3 种单位较为常见：基本单位 U，内有 1 个 25 对的基本线对，如图 3-3-7 所示；超单位 S，内有 2 个 25 对的基本线对；超单位 SD，内有 4 个 25 对的基本线

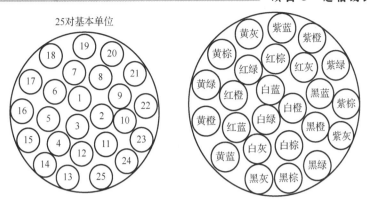

图 3-3-7　25 对基本单位线对色谱

对。基本单位扎带的全色谱颜色包含蓝、橙、绿、棕、灰、白、红、黑、黄、紫 10 种颜色。与线对色谱（25 种）类似，扎带全色谱可组成 24 种颜色搭配，这样以 600 个（25×24）线对为 1 个循环，以 1200 个线对为 2 个循环，以 1800 个线对为 3 个循环，以此类推。全色谱单位式（基本单位 U）电缆的线对序号与扎带色谱如表 3-3-4 所示。

表 3-3-4　全色谱单位式（基本单位 U）电缆的线对序号与扎带色谱

线对序号	U 单位序号	U 单位扎带颜色
1～25	1	白-蓝
26～50	2	白-橙
51～75	3	白-绿
76～100	4	白-棕
101～125	5	白-灰
126～150	6	红-蓝
151～175	7	红-橙
176～200	8	红-绿
201～225	9	红-棕
226～250	10	红-灰
⋮	⋮	⋮
551～575	23	紫-绿
576～600	24	紫-棕

3.3.4　全塑电缆的端别

为保证在电（光）缆布放、接续等过程中的质量，全塑全色谱市内通信电缆都规定了相应的端别。

1. 端别

普通色谱对绞式市话电缆一般不作 A、B 端规定。为保证在电缆布放、接续等过程中的质量，全塑全色谱市内通信电缆规定了 A、B 端。

全色谱对绞式全塑市话电缆 A、B 端的区分为：面向电缆端面，按表单位序号由小到大顺时针方向依次排列，则该端为 A 端，另一端为 B 端。

2. 选用原则

全塑市内通信电缆 A 端用红色标志，又叫内端，伸出电缆盘外，常用红色端帽封合或用红色胶带包扎，规定 A 端面向局方。另一端为 B 端用绿色标志，常用绿色端帽封合或绿色胶带包扎，一般又叫外端，紧固在电缆盘内，绞缆方向为反时针，规定外端面向用户。

3.3.5 电缆故障的种类

电缆故障的种类一般分为断线、混线（自混、他混）、地气、反接、差接、交接 6 种，电缆故障示意如表 3-3-5 所示。

表 3-3-5 电缆故障示意

障碍种类		符号	图示
断线		D	
混线	自混	C	
	他混	MC	
地气		E	
反接		反	
差接		差	
交接（跳对）		交	

① 断线：电缆线芯断开。

② 混线：电缆线芯相碰（又称短路）。在本对线芯间相碰为自混；在不同对线芯间相碰为他混。

③ 地气：电缆线芯与金属屏蔽层（地）相碰，又称接地。

④ 反接：本对线芯的 a、b 线在电缆或接头中接反。

⑤ 差接：本对线芯的 a（或 b）线错与另一对线芯的 a（或 b）线相接，又称鸳鸯对。

⑥ 交接：本对线芯在电缆或接头中错接到另一对线芯上，又称跳对。

闪光时刻：

我国通信电缆的发展史。

（1）19 世纪 70 年代，通信技术在我国开始应用；

（2）1962 年，在北京和石家庄之间开通了我国设计制造的 60 路载波长途高频对称电缆；

（3）1976 年，我国开通了自己设计制造的 1800 路京沪杭同轴电缆线路；

（4）1978 年，我国研制成功通信光缆。

任务单

1. 任务目标

（1）能够正确识别电缆型号；

（2）能够正确使用开缆刀开剥电缆，并注意开口长度；

（3）能够分辨和正确识别芯线色谱及线序。

2. 仪器仪表工具需求单

表 3-3-6　仪器仪表工具需求单

序号	仪器	工具/材料
1		
2		
3		
4		
5		
6		
7		

3. 小组成员及分工

表 3-3-7　小组成员及分工

职位	姓名	分工
组长		
组员 1		
组员 2		
组员 3		
组员 4		

4. 任务要求

（1）识别电缆型号

电缆盘、外护层上的白色标记如下，识别电缆型号，说明其含义。

① HYFA 50×4×0.6 _____

② HYPA 200×2×0.4 _____

（2）开拔电缆，完成下表。

电缆标识	
芯线色谱	

仪器仪表的标准操作与技巧

续表

电缆芯数	
线序	

操作结果展示(可以附照片):

评价总结

1. 自我评价

序号	评价内容	是否达到（1表示达到，0表示未达到）
1	了解电缆的结构及分类	
2	了解电缆的结构及分类	
3	能准确识别电缆的型号	
4	能够进行电缆纤序的排定	
5	能够准确将纤序及色谱一一对应	
6	能够正确判断电缆端别	
你觉得以上哪项内容操作最熟练		
在操作过程中，遇到哪些问题，你是如何解决的		
你认为在以后的工作中哪些内容会要求熟练掌握		

2. 小组评价

序号	评价内容	是否完成（1表示完成，0表示未完成）
1	正确完成上表中下面内容	
2	团队合作完成	
3	任务按时完成	

3. 教师评价

序号	评价内容	是否完成（1表示完成，0表示未完成）
1	任务质量达标	
2	课程互动参与	
3	革新思路/附加任务完成情况	
4	5S 环境	

任务 3.4　电缆故障测试仪的使用

任务思维导图

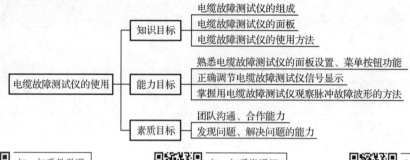

扫一扫看教学课件：电缆故障测试仪的使用

扫一扫看微课视频：电缆故障测试仪的使用

扫一扫看电子教案：电缆故障测试仪的使用

任务内容

通过完成本项目任务 3.4，学会使用电缆故障测试仪快速精准找到故障点位。

知识准备

点睛：电缆故障测试仪综合了脉冲测试法与智能电桥测试法，可以进行手动测试和自动测试，适用于测量各类如地气、绝缘不良、接触不良等电缆故障的具体情况。电缆故障测试仪能在缩短故障的查找时间、提高工作效率、减轻线路维护人员劳动强度等方面起到很好的辅助作用，同时也是线路查修人员常用的仪器之一。

扫一扫看教学视频：电缆故障测试仪操作

3.4.1　电缆故障测试仪的面板与测试导引线

1. 面板按键设置

常用电缆故障测试仪的面板如图 3-4-1 所示。

（1）：背光按键，在光线暗时可以按其打开背光，以便能够看清楚屏幕上的内容。该功能比较耗电，在正常情况下不需要使用。

（2）：模式转换按键，开机后仪器默认进入脉冲测试模式，按此键即可进入电桥测试模式，再次按此键将切换回脉冲测试模式。

（3）：仪器的电源开关。

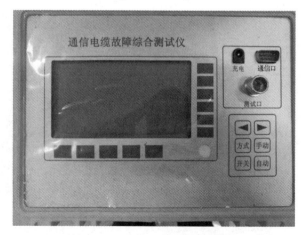

图 3-4-1　电缆故障测试仪面板图

（4）◀▶：在脉冲测试法中为光标移动键，用于左右移动光标；在电桥测试法中，此键在不同的菜单里有不同的功能，可根据界面下方的提示进行操作。

（5）自动：在脉冲测试法中，按此键仪器将进行自动测试；在电桥测试法中，此键为开始测试键。

（6）手动：此键为在脉冲测试法和电桥测试法中的手动测试按键。

（7）▇（通信口）：与计算机等设备进行通信的插口。

（8）▇（测试口）：测试导引线的插口。

（9）▇（充电口）：仪器的充电插口。

2. 测试导引线

测试导引线的末端共有 3 个鳄鱼夹，在采用脉冲测试法时，只使用带有红色鳄鱼夹和黄色鳄鱼夹的两根线；在采用电桥测试法时，使用全部 3 根线。具体的使用方法在后面将详细介绍，测试导引线如图 3-4-2 所示。

图 3-4-2　测试导引线

3.4.2　电缆故障测试的基本步骤

1. 故障性质的诊断

根据不同电缆故障的性质，可以简单进行以下诊断。

（1）电缆的一根或多根线芯断开，导致通信中断。这种故障可用脉冲测试法进行测试。

（2）电缆的线芯存在混线。混线分为自混和他混 2 种类型，指同一对线芯和不同对线芯之间的绝缘层遭到破坏，绝缘电阻的阻值下降到很低的程度（几百到几千欧姆），甚至发生短路，从而使通信质量受到严重影响。这种故障可以先用脉冲测试法进行测试，当波形难以识别时，再改用电桥测试法进行测试。

（3）电缆的线芯间绝缘不良。电缆线芯绝缘材料受到水或潮气侵入会使绝缘电阻的阻值下降，从而使通信质量不佳，甚至出现阻断的现象。这种故障类似于混线，只是故障电阻的阻值较大（几千欧姆以上），故障程度较轻。通常，如果绝缘电阻小于 2 MΩ，就会对通信质量产生影响，需要进行故障排除。这种故障一般用脉冲测试法无法测出，需要使用电桥测试法进行测试。

在线路出现故障后，应该先使用测量台、兆欧表、万用表等工具确定线路故障的性质和严重程度，再选择适当的测试方法。

测试人员了解线路的走向和故障的情况有助于迅速确定故障点。在电缆发生故障后，测试人员应对故障发生的时间、故障的范围、电缆线路所处的环境、接头与人孔井的位置、天气造成的影响等可能存在的问题进行综合考虑，并根据测量结果粗略判断故障的位置。

2. 选择测试方法

当故障电阻阻值较小，约在几百至几千欧姆时，称为低阻故障，反之则称为绝缘不良故障或高阻故障，两者没有明确的界限。

脉冲测试法适用于测试断线和低阻故障。对于比较严重的绝缘不良故障，有时也能用脉冲测试法进行测试。脉冲测试法的操作较为直观、简便，不需要远端配合，在测试时应首先考虑使用。

电桥测试法能够测试绝缘不良故障，但要先找出一根好线，而且需要远端配合，测试的准备工作也比较烦琐。应在确认脉冲测试法不能测试该故障后再使用电桥测试法进行测试。

3. 故障测距

在进行故障测试时，应先断开与故障线对相连的局内设备，在局内进行测试。在确定故障点的最小段落后，再到现场进行复测，以确定故障点的精确位置。

4. 故障定点

在进行故障定点时，应根据仪器的测试结果，对照图纸资料，标出故障点的具体位置。当图纸资料不全或有误时，可以根据所掌握的电缆线路情况，估计故障点的大致位置，然后再根据故障情况，结合周围环境，分析故障原因，直至找到故障点。例如，在估计的范围内若有接头，就大致可以判断故障点在接头内。在仪器测试时，使用的量程越大，测量的误差就越大。

3.4.3 脉冲测试法

1. 测试原理

仪器向线路发射一个脉冲电压信号，当线路有故障时，故障点的输入阻抗 Z_i 不再是线路的特性阻抗 Z_c，且会产生脉冲反射，其反射系数为

$$\rho = (Z_i - Z_c)/(Z_i + Z_c) \tag{3-4-1}$$

反射脉冲电压幅值为

$$U_n = \rho U_i = [(Z_i - Z_c)/(Z_i + Z_c)]U_i \tag{3-4-2}$$

由式（3-4-1）可知，当线路出现断线故障时 $Z_i \to \infty$，$\rho = 1$，反射脉冲的极性为正，波形如图 3-4-3 所示；而当线路出现短路故障时 $Z_i \to 0$，$\rho = -1$，反射脉冲的极性为负，波形如图 3-4-4 所示。在实际情况中，线路故障一般是绝缘不良故障，反射系数的绝对值小于 1。

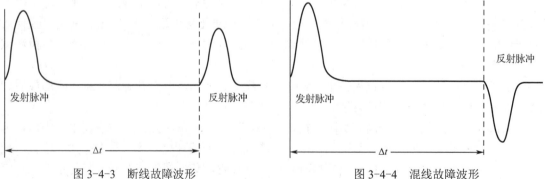

图 3-4-3　断线故障波形　　　　　图 3-4-4　混线故障波形

从仪器发射脉冲开始直至接收到故障点的反射脉冲的总时间为 Δt，Δt 是脉冲在测试点和故障点之间往返一次的时间。设故障的距离为 L，脉冲在线路中的传播速度为 V，则

$$L=V\Delta t/2 \tag{3-4-3}$$

Δt 是由仪器自动计时得出的,结合设置的波速度 V 即可得出故障距离 L。实际上脉冲在电缆的传播过程中遇到所有阻抗不匹配点(如接头、复接点等)均会产生反射。电缆故障测试仪会以波形的方式把被测电缆的特性显示在屏幕上,用户通过识别反射脉冲的起始位置、形状及幅度,即可测定故障点或阻抗不匹配点的距离,判断故障及阻抗不匹配点的性质和情况。

2. 脉冲测试法中的基本概念

1)波形

脉冲测试法依靠波形来反映电缆的故障情况,正确理解波形是使用脉冲测试法的关键。由于仪器内设有自动阻抗平衡电路,所以仪器可以将发射脉冲的幅度压缩到很小,基本上只显示反射脉冲,更加便于观察。因此,如图 3-4-3 和图 3-4-4 所示的波形在测试时应是如图 3-4-5 和图 3-4-6 所示的形状。

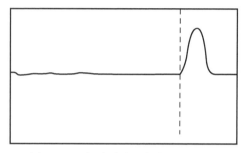
图 3-4-5 断线故障反射脉冲波形向上

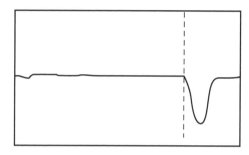
图 3-4-6 混线故障反射脉冲波形向下

2)故障点标定

反射脉冲波形的起始点(见图 3-4-5 中虚线的位置)是故障位置。屏幕的最左侧为发射脉冲的起始点,在手动测试时,将光标移动到故障反射脉冲波形的起始点后,屏幕上方显示的距离值就是故障点的距离。在自动测试时,仪器能够自动把光标移动到故障反射脉冲的起始点,但有时需要手动修正光标的位置。当光标在其他位置时,显示的距离值没有实际参考价值。

3)量程

仪器的最大测试距离为 8 km,在开机后仪器会将量程自动设定为 200 m。因为在屏幕上显示的是选定量程内的电缆测试波形图。假如要测试一根 1500 m 长的电缆,就可以从最小的量程(200 m)开始测试,并逐步增加测试量程,调整至能显示电缆全长 2 km 的量程。在自动测试时,仪器将自动从最小量程处开始测试,直至达到最大量程。

4)波速度

脉冲在电缆中的传播速度被称为波速度。从脉冲法的测试原理中可知,测距实际上是在测时间,时间乘以脉冲传播速度得到距离值,因此必须明确精确的波速度值。经试验得知,波速度只与电缆线芯的绝缘材料有关,如全塑电缆的波速度为 201 m/μs。仪器预存了几种常用电缆的波速度值,使用者可以通过选择不同材质电缆的方法设定波速度。由于生产厂家和生产工艺的不同,相同材质电缆的波速度可能略有差异,但可以通过测试进行校准。

5）增益

增益是指仪器对反射脉冲的放大倍数，调节增益可以改变在屏幕上所显示波形的幅值，使用者可以通过"+"和"-"按键增大或减小增益，将反射脉冲的幅值调整到接近于满屏时为最佳。在自动测试时，仪器将自动调节增益。

6）阻抗平衡

在仪器的内部有一平衡电阻网络，应通过调节该网络使仪器与电缆的特性阻抗相匹配，以尽量减少仪器在发射脉冲时对信号造成的影响，从而突出反射脉冲，便于使用者对故障点进行判断。在自动测试时，仪器将自动调节阻抗平衡。

3. 脉冲测试界面菜单功能

按"开关"键开机后将直接进入脉冲测试界面，屏幕上方显示故障距离信息，屏幕右方显示记忆、对比、增益、平衡、记录等菜单，屏幕正中间显示测试波形信息，屏幕下方显示脉冲测试法的主要菜单：量程、变比、波速、认定、主令及电量。脉冲测试界面如图3-4-7所示。

图3-4-7　脉冲测试界面

下面对脉冲测试界面的菜单功能进行详细介绍。

1）量程

按"量程"下方的灰色键选中量程菜单，进入量程设置界面，屏幕下方的当前测试量程（默认的初始测试量程为200 m）和提示语部分将反色显示，此时可按屏幕右方的灰色键选择量程。仪器提供的测试量程有200 m、400 m、1 km、2 km、4 km、8 km，使用者可根据待测的电缆长度选择量程。量程设置界面如图3-4-8所示。

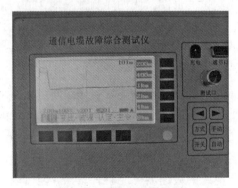

图3-4-8　量程设置界面

2）波速

按"波速"下方的灰色键选中波速菜单,进入波速设置界面,波速菜单部分将反色显示,仪器默认显示全塑(聚乙烯)电缆的波速度:201 m/μs。在仪器中预存了4种电缆的波速度值,可通过按下屏幕右方的灰色键进行波速选择。波速设置界面如图3-4-9所示。

预存的4种电缆种类及其波速度分别为:

(1)全塑(聚乙烯)电缆:201 m/μs。

(2)填充聚乙烯电缆:192 m/μs。

(3)充油电缆:160 m/μs。

(4)纸浆电缆:216 m/μs。

3）认定

按"认定"下方的灰色键选中认定菜单,屏幕右方将显示"疑点""标定""当前""以近""零标"选项,如图3-4-10所示,下面依次介绍各选项的功能。

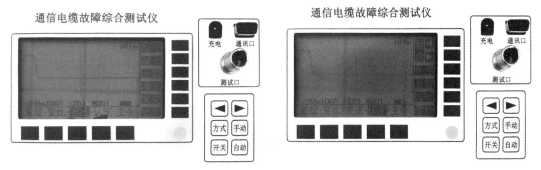

图3-4-9　波速设置界面　　　　　　　图3-4-10　认定设置界面

(1)疑点:在进行自动测量后,仪器可将在各量程内测量时发现的疑点标记出来,并在屏幕波形显示区中显示距离最近的一个疑点波形,此时可使用"以近"功能,使屏幕上方的疑点1反色显示,此时按光标移动键可翻看其他疑点。若按光标移动键后疑点值没有变化,则表示只有一个疑点。

(2)标定:选择"标定"选项后,光标将自动标定在故障反射脉冲的起始点上,并在屏幕上方显示故障距离,此时可按光标移动键左右移动光标修正故障点的标定位置。

(3)当前:选择"当前"选项后,仪器将在当前量程下自动进行阻抗匹配和增益调节,并标定出故障点。

(4)以近:选择"以近"选项后,仪器将自动从最小量程到当前量程依次进行搜索,并标定出故障点。

(5)零标:选择"零标"选项后,光标的所在位置将自动被设定为坐标原点。如果在故障点前后不远处有接头反射,为确定故障点和接头的相对位置,可以将接头的位置设置为原点,再通过光标移动键将光标移动到故障点处,这样屏幕上方显示的距离即为从接头到故障点的距离。

4）主令

通过"主令"下方的灰色键选中主令菜单,屏幕右方将显示"记忆""对比""增益""平衡""记录"选项,如图3-4-11所示,下面依次介绍各选项的功能。

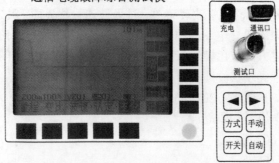

图 3-4-11　主令设置界面

（1）记忆：选择"记忆"选项后，仪器将存储当前波形，此时会在屏幕上方闪烁显示"已记忆"字样，并通过△符号进行标记。系统记忆的波形可用于与之后测得的波形或存储区的波形进行对比。

（2）对比：在进行对比操作之前首先要记忆一个波形，然后从存储区调出一个已保存的波形，选择"对比"选项将两波形进行对比。也可以在记忆波形之后继续进行测试，在得到一个新的波形后再使用该功能将当前测得的波形与之前记忆的波形进行对比。在进行对比操作时，波形显示区将同时显示要对比的两个波形，同时屏幕上方的△标记变为▲。

（3）增益：选择"增益"选项后，屏幕下方的当前增益值（默认为 01）将反色显示，此时可按"+"和"-"键调节增益大小，增益每变化一次，波形显示区的波形就会更新一次。

（4）平衡：选择"平衡"选项后，仪器将在增益、量程等测试条件保持不变的情况下，自动进行阻抗平衡调节，从而减小发射脉冲对波形的影响，使故障波形更容易被识别。

（5）记录：选择"记录"选项后，仪器会将当前波形显示区的波形及其波形的特征指标进行存储，同时提示区会显示"波形已保存"字样。仪器最多可保存 10 个波形，当已存满 10 个波形还要继续保存波形时，最早存入的波形将被删除。

4. 脉冲测试接线

在脉冲测试前，应将测试导引线插到仪器的"测试口"上，要注意插头上有定位槽。

当线芯间存在故障时，应将红色和黄色鳄鱼夹分别夹住故障线对的两根线芯；当出现接地（铅皮）故障时，应将红色和黄色鳄鱼夹分别夹住故障线芯和接触地面。在脉冲测试法中不使用黑色鳄鱼夹，且不必将红色和黄色鳄鱼夹区分使用。

5. 自动测试

在故障检测中，一般应先进行自动测试。当情况比较复杂，自动测试无法得到正确结果时，再进行手动测试。

在自动测试完成后，仪器将给出几个疑点，使用者根据具体情况（如电缆全长、故障性质等）进行判断和操作即可很快找到真正的故障点。

（1）进行自动测试。按"自动"键后仪器将开始自动测试，仪器将从小到大搜索每一个量程，最后在波形显示区中显示距离最近的一个疑点的波形，并在屏幕上方显示故障的距离

和性质。

（2）查看疑点。在自动测试结束后，可选择疑点菜单并通过光标键翻看其他疑点，若按键后没有变化，则表明没有其他疑点。

（3）排除假的疑点。仪器给出的疑点有些不是真正的故障点，要进行人工排除。例如，已知电缆的全长是 500 m，那么故障距离肯定小于 500 m，仪器显示的 500 m 左右的疑点是电缆的末端反射现象，电缆全长两倍的疑点是电缆的二次反射现象，这些都不是故障点。再如，已知电缆是混线故障，则所有显示为断线故障的疑点都不可能是故障点。

（4）调整波速度。如果当前电缆的波速度与实际情况不符，可进入波速设置菜单，选择不同的电缆类型所对应的波速值，或者选择自选类型的电缆并手动将波速度调整到合适的数值。

（5）微调光标，精确定位。如果仪器自动标定的故障距离不够精确，可以通过光标移动键调整光标的位置。

（6）进行平衡和增益调节。如果当前波形的平衡或幅值不太理想，可以通过"当前"选项进行自动平衡和增益调节操作。

（7）对已知电缆全长的自动测试。若已知电缆的全长，可以先选择仪器的测试量程，然后选择"认定"和"以近"选项，此时仪器将在选择的量程内搜索疑点，更易于对故障点的判断。

6. 手动测试

在线路的情况比较复杂，自动测试没有找出正确的故障点时，需要进行手动测试。

（1）选择测试量程。量程可以从小到大逐步调整，直到能看到电缆的全长。

（2）调整波速度。波速度可以通过在波速菜单中选择电缆的类型进行调整，也可以根据仪器附带的波速度表调节自选电缆的波速度值。

（3）进行测试。按"手动"键将进行手动测试，每按一下会测试一次，按"左、右"光标键可将光标移动到反射脉冲的起始点。如果在当前的量程内看不到故障反射脉冲，则要进入"量程"菜单选择合适的测试量程重新进行测试。在测试时，最好从 200 m 的量程开始，逐步增大量程。

（4）使用增益调节功能。如果反射脉冲的幅值太大或太小，可以通过"增益"选项由按键"+"或"-"增大或减小增益值，仪器会在波形显示区中自动更新并显示调节增益后的波形。

（5）使用自动阻抗平衡功能。按"平衡"键，仪器将自动进行阻抗平衡调节操作，通过减小发射脉冲的影响，使反射脉冲更容易被识别。

（6）使用"记忆"和"对比"功能。如果不容易判断反射脉冲是故障点还是接头，可以先测试故障线对，并按"主令"菜单中的"记忆"键记忆当前的测试波形。接下来，不要改变任何参数，并测试一条好的线对。此时按"对比"键，两个波形将同时显示在波形显示区中，在波形图中出现明显差异的地方一般就是故障点。如果两个波形在同一个地方出现脉冲反射，则可以判断该处是接头。

（7）使用波形缩放功能。当量程大于 200 m 时，如果想看清楚局部波形的细节，可以按"对比"选项中的"变比"键，此时右方将出现"放大""缩小"选项。按"放大"键可将虚线光标周围的波形放大，之后可通过"缩小"键逐步将波形恢复原样。

（8）使用光标原点功能。如果在故障点前后不远处有接头反射，可以测量故障点和接头之间的距离，以便于定点。先将虚线光标移动到接头反射脉冲的起始点处，按"认定"选项中的"零标"键，虚线光标将变为实线光标。然后通过光标移动键将光标移动到故障反射脉冲的起始点处，此时屏幕上方显示的距离值为接头到故障点之间的距离（即两个光标之间的距离）。

7. 波速度的测量和校准

如果已知电缆的准确长度，就可以用仪器来测量和校准电缆的波速度。先从电缆中找出一条好的线对，测出远端开路或短路的反射波形。如果测量的电缆全长与实际的长度有差别，可以使用"波速"选项"加一"或"减一"键来调整波速度，直到测量值和电缆的实际长度相等，此时的波速度即为这条电缆的实际波速度。

3.4.4　一般问题处理及常见脉冲故障波形

该仪器使用可充电电池供电，当出现无法开机、开机后很快就自动关机及开机后屏幕上的电池符号闪烁同时仪器发出"嘀嘀"声的现象时，表示电池欠压，需要充电。

几种常见的脉冲故障波形如图 3-4-12～图 3-4-19 所示。

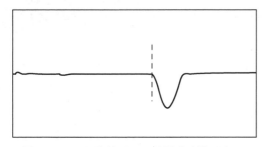

图 3-4-12　混线波形——反射脉冲波形向下

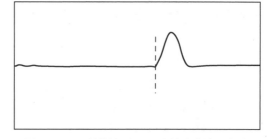

图 3-4-13　断线波形——反射脉冲波形向上

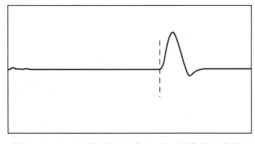

图 3-4-14　屏蔽层断开波形（与断线波形相似）

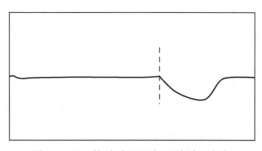

图 3-4-15　接地波形（与混线波形相似）

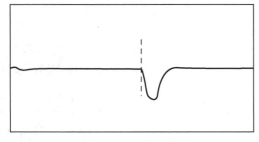

图 3-4-16　浸水波形

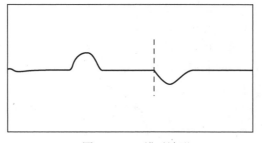

图 3-4-17　错对波形

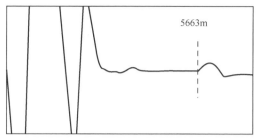
图 3-4-18　断线反射脉冲波形

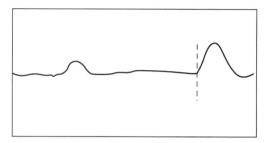
图 3-4-19　接头反射波形

> **能量小贴士**：有线通信的畅通和电力的输送依赖于电缆线路的正常运行。一旦线路发生故障，就会造成很大的经济损失和不良的社会影响。因而，电缆故障测试仪是维护各种电缆的重要工具。电缆故障智能测试仪采用了多种故障探测方式，应用当代最先进的电子技术成果和器件，采用计算机技术及特殊电子技术，是结合该公司长期研制电缆测试仪的成功经验而推出的高科技、智能化、功能全的全新产品。
>
> 　　电缆故障智能测试仪是一套综合性的电缆故障探测仪器，能对电缆的高阻闪络故障、高低阻性的接地、短路和电缆的断线、接触不良等故障进行测试，若配备声测法定点仪，可准确测定故障点的精确位置，特别适用于测试各种型号、不同等级电压的电力电缆及通信电缆。

任务单

1. 任务目标

（1）掌握使用脉冲测试法测试电缆性能；
（2）熟练使用自动和手动测试的方法判断电缆故障。

2. 仪器仪表工具需求单

表 3-4-1　仪器仪表工具需求单

序号	仪器	工具/材料
1		
2		
3		
4		
5		
6		
7		

3. 小组成员及分工

表 3-4-2　小组成员及分工

职位	姓名	分工
组长		
组员1		
组员2		
组员3		
组员4		

4. 任务要求

（1）使用脉冲测试法测试电缆性能，将操作步骤填入表 3-4-3 中。

表 3-4-3　使用脉冲测试法测试电缆性能的操作步骤

操作步骤序号	操作内容	重难点
1		
2		
3		
4		
5		
6		
7		
8		

操作结果展示（可以附照片）：

（2）使用自动和手动测试的方法判断电缆故障，将操作步骤填入表 3-4-4 中。

表 3-4-4　使用自动和手动测试方法判断电缆故障的操作步骤

操作步骤序号	操作内容	重难点
1		
2		
3		
4		
5		
6		
7		
8		

（3）操作结果展示（可以附照片）：

仪器仪表的标准操作与技巧

评价总结

1. 自我评价

序号	评价内容	是否达到（1表示达到，0表示未达到）
1	了解电缆故障测试仪的面板及按键	
2	了解电缆故障测试仪的用途	
3	熟悉电缆故障测试仪的使用方法	
4	熟悉脉冲测试法的使用	
5	了解一般问题处理及常见脉冲故障波形	
你觉得以上哪项内容操作最熟练		
在操作过程中，遇到哪些问题，你是如何解决的		
你认为在以后的工作中哪些内容会要求熟练掌握		

2. 小组评价

序号	评价内容	是否完成（1表示完成，0表示未完成）
1	正确调制信号参数	
2	团队合作完成	
3	任务按时完成	

3. 教师评价

序号	评价内容	是否完成（1表示完成，0表示未完成）
1	任务质量达标	
2	课程互动参与	
3	革新思路/附加任务完成情况	
4	5S环境	

任务 3.5 光缆的认知

任务思维导图

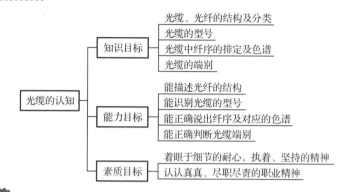

任务内容

通过完成本项目任务 3.5，掌握光缆的识别方法。

知识准备

点睛：光纤通信是现代信息传输的重要方式之一。它具有容量大、中继距离长、保密性好、不受电磁干扰和节省铜材等优点。在 3G 网络建设、FTTH（光纤到户）实施、三网融合试点、西部村村通工程、"光进铜退"等多重利好的驱动下，中国光纤光缆行业发展势头良好，我国成为全球最主要的光纤光缆市场和全球最大的光纤光缆制造国，并取得了引人瞩目的成就。

3.5.1 光纤、光缆的结构与种类

1. 光纤的结构

光纤（Optical Fiber）是用来导光的透明介质纤维，是由多层透明介质构成的，一般光纤的结构如图 3-5-1 所示，可以分为 3 层：纤芯、包层和涂覆层，其中纤芯的折射率较大，包层和涂覆层的折射率较小。纤芯和包层的结构满足导光要求，能够控制光波沿纤芯进行传播，涂覆层主要起到保护作用（因不作导光用途，所以可以被染成各种颜色）。

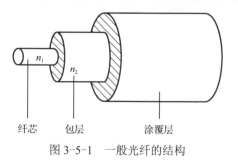

图 3-5-1 一般光纤的结构

扫一扫看教学课件：通信光缆基础知识

扫一扫看电子教案：光缆的结构

仪器仪表的标准操作与技巧

光纤传输的原理是可见光在两种介质界面发生全反射。在图3-5-1中，n_1为纤芯介质的折射率，n_2为包层介质的折射率。因为n_1大于n_2，所以当进入纤芯的光在纤芯与包层交界面（简称芯-包界面）的入射角大于全反射的临界角θ_c时，就能发生全反射现象且没有光能量可以透出纤芯，入射光就能在界面中经无数次全反射向前传输。当光纤弯曲时，界面法线转向，入射角度小，一部分光因入射角度小于θ_c而不能发生全反射，但此时入射角较大的光仍可发生全反射。所以在光纤弯曲时，光仍然能够传输，但将引起能量损耗。通常，在光纤弯曲半径较大（大于50 mm）时，其损耗可忽略不计，但微小的弯曲将使光的传输出现严重的微弯损耗现象。

2. 光纤的种类

光纤的种类有很多，根据用途的不同，每种光纤的功能和性能也有差异。在有线电视和通信领域中使用的光纤，其设计和制造的原则和特点基本相同：传输损耗小、有一定的带宽且色散小、接线容易、标准统一、可靠性高、制造方式比较简单、价格低廉等。

光纤主要从工作波长、折射率的分布方式、传输模式和原材料几方面进行分类。

（1）光纤按照工作波长可分为紫外光纤、近红外光纤和中红外光纤等（一般光纤的工作波长规格为0.85 μm、1.3 μm、1.55 μm）。

（2）光纤按照折射率的分布方式可分为阶跃折射率光纤、渐变折射率光纤和其他光纤（如三角型光纤、W型光纤、凹陷型光纤）等。

阶跃折射率光纤在纤芯部分的折射率不变，在芯-包界面的折射率突变，在纤芯中的光线轨迹呈锯齿形折线。这种光纤的模间色散高、传输频带不宽，常被做成大芯径、大数值孔径（NA）（如芯径为100 μm，数值孔径为0.30）的光纤，以提高其与光源的耦合效率，适用于短距离、小容量的通信系统。

渐变折射率光纤在纤芯中心的折射率最高，并沿径向渐变，其变化规律一般符合抛物线规律，在芯-包界面时折射率降到与包层区域的折射率n_2相同的数值。

（3）光纤按照传输模式可分为单模光纤（含偏振保持光纤、非偏振保持光纤）和多模光纤。

单模光纤（SMF）是指在工作波长中只能传输一种模式光信号的光纤，是目前在有线电视和光通信领域中应用最广泛的光纤。

多模光纤（MMF）是指在工作波长中可以传输多个模式光信号的光纤。一般多模光纤的纤芯直径为50～100 μm，传输模式可达几百个，与单模光纤相比其传输带宽主要受到模式色散的控制。

（4）光纤按照原材料的种类可分为石英光纤、多成分玻璃光纤、塑料光纤、复合材料光纤（如塑料包层光纤、液体纤芯光纤等）和红外材料光纤等。光纤的涂覆层材料可分为无机材料（碳等）、金属材料（铜、镍等）和塑料等。

3. 光缆的结构

由于光纤比较脆弱，极易受到损伤，所以光纤需要进行成缆操作。光缆是将一定数量的光纤按照一定方式组成缆心，外包护套或外护层，用来实现光信号传输的一种通信线路。常用光缆实物图如图3-5-2所示。常用的光缆分为室内光缆和室外光缆两大类，本书主要介绍室外光缆。

项目3 通信线路的维护与排障

(a)

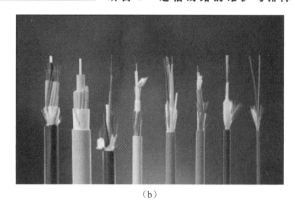

(b)

图3-5-2 光缆实物图

光缆根据用途和使用环境的不同分为很多种,但无论是哪种光缆,都是由缆芯、加强元件和护套层组成的。

1)缆芯

缆芯由光纤线芯组成,分为单芯型缆芯和多芯型缆芯两种。单芯型缆芯由单根经二次涂覆处理的光纤组成;多芯型缆芯由多根经二次涂覆处理的光纤组成。

对光纤的二次涂覆处理主要有紧套结构和松套结构两种方式。

(1)紧套结构:如图3-5-3所示,在光纤和套管之间有一个缓冲层,其目的是减少外力对光纤的作用,缓冲层一般采用硅树脂,二次涂覆用尼龙。这种光纤的优点是结构简单、使用方便。

(2)松套结构:如图3-5-4所示,将经一次涂覆处理后的光纤放在松套管中,管中填充油膏,形成松套结构。这种光纤的优点是机械性能好、防水性能好、便于成缆。

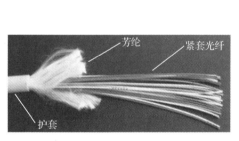

图3-5-3 紧套结构

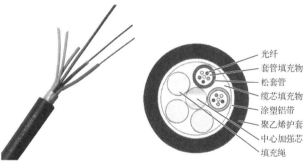

图3-5-4 松套结构

2)加强元件

由于光纤材料比较脆弱、容易断裂,为了使光缆能承受在敷设安装时所施加的外力,所以需要在光缆中加一根或多根加强元件,放置在光缆的中心或四周。

加强元件的材料可采用钢丝或非金属的纤维,如增强塑料(FRP)等。

3)护层

光缆护层的主要作用是对已经成缆的光纤起保护作用,避免由于外部机械力和环境的影响造成光纤的损坏。因此要求护层具有耐压力、防潮、湿度特性好、质量小、耐化学侵蚀、阻燃等特点。

光缆的护层分为内护层和外护层。内护层一般采用聚乙烯或聚氯乙烯等材料，外护层可采用由铝带和聚乙烯组成的 LAP 外护层加钢丝铠装等方式。

图 3-5-5 为松套层绞式非金属阻燃光缆结构示意图。

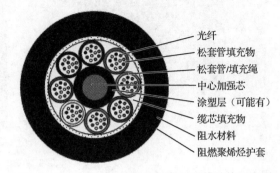

图 3-5-5　松套层绞式非金属阻燃光缆结构示意图

4. 光缆的种类

（1）按传输性能、距离和用途，光缆可分为市话光缆、长途光缆、海底光缆和用户光缆。

（2）按光纤的种类，光缆可分为多模光缆、单模光缆。

（3）按光纤套塑方法，光缆可分为紧套光缆、松套光缆、束管式光缆和带状多芯单元光缆。

（4）按光纤芯数多少，光缆可分为单芯光缆、双芯光缆、四芯光缆、六芯光缆、八芯光缆、十二芯光缆和二十四芯光缆等。

（5）按加强件配置方法，光缆可分为中心加强构件光缆、分散加强构件光缆、护层加强构件光缆和综合外护层光缆。

（6）按敷设方式，光缆可分为管道光缆、直埋光缆、架空光缆和水底光缆。

（7）按护层材料性质，光缆可分为聚乙烯护层普通光缆、聚氯乙烯护层阻燃光缆和尼龙防蚁防鼠光缆。

（8）按传输导体、介质状况，光缆可分为无金属光缆、普通光缆和综合光缆。

（9）按结构方式，光缆可分为扁平结构光缆、层绞式结构光缆、骨架式结构光缆、铠装结构光缆（包括单、双层铠装）和高密度用户光缆等。

（10）按应用场景可分为：

室（野）外光缆——用于室外直埋、管道、槽道、隧道、架空及水下敷设的光缆；软光缆——具有优良曲挠性能的可移动光缆；室（局）内光缆——适用于室内布放的光缆；设备内光缆——用于设备内布放的光缆；海底光缆——用于跨海洋敷设的光缆；特种光缆——除上述几类之外，作特殊用途的光缆。

下面按照结构划分法介绍几种常见光缆。

1）层绞式光缆

层绞式光缆是将若干根光纤芯线以强度元件为中心绞合在一起的一种结构，如图 3-5-6 所示。此方法制造的光缆和电缆相似。

结构特点：光缆中容纳的光纤数量多；光缆中光纤余长易控制；光缆的机械、环境性能好。适用于长途通信和局间通信。敷设方式多为直埋、管道敷设，也可用于架空敷设。

2）扁平式光缆

结构特点：纤密度极高、体积小、质量小、美观、结构紧凑，便于施工和接续、易于分

路和阻燃，无电磁感应影响。

适用于局域网、设备、仪表间的连接线，带状跳线及带状尾纤，如图3-5-7所示。

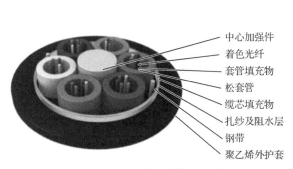

图3-5-6 钢带纵包层绞式光缆

图3-5-7 室内扁平式光纤带光缆

3）骨架式光缆

骨架式光缆是将单根或多根光纤线芯放入塑料骨架的沟槽内，骨架的中心是加强元件，骨架的沟槽可以是V型、U型或凹型，如图3-5-8所示。

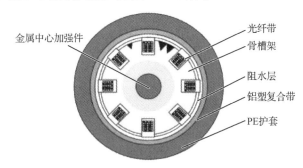

图3-5-8 骨架式光缆结构

结构特点：结构紧凑、抗侧压性能好、纤芯密度大、熔接效率高，但其制作复杂、工艺环节多、生产难度大。

4）带状式光缆

带状式光缆是将4～12根光纤线芯排列成行，构成带状光纤单元，再将带状光纤单元按一定的方式排列成缆，外包加强元件，如图3-5-9所示。

结构特点：结构紧凑，可做成上千芯的高密度用户光缆。

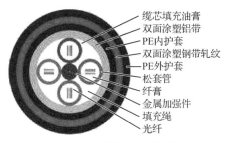

图3-5-9 带状式光缆结构

3.5.2 光缆的识别

1. 光缆的型号、规格与识别

光缆型号是由一条短横线隔开的两组代号组成的。如果将每个代号的位置用小方格来代替，则光缆短横线左侧的 5 个小格为光缆型号的代号，短横线右侧的 5 个小格为光缆规格的代号，光缆型号标志如图 3-5-10 所示。

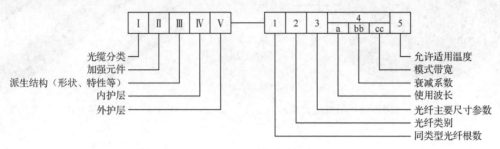

图 3-5-10 光缆型号标志

1）短横线左侧 5 个小格的含义

（1）格Ⅰ为光缆分类的代号，这一格由 2 个英文字母构成，它们的含义为：

GY——通信用室（野）外光缆；

GJ——通信用室（局）内光缆；

GH——通信用海底光缆；

GR——通信用软光缆；

GS——通信用设备内光缆；

GT——通信用特殊光缆。

（2）格Ⅱ为加强元件的代号，这一格或为无符号或由 1 个英文字母构成，它们的含义为：

无符号——金属加强元件；

G——金属重型加强元件；

F——非金属加强元件；

H——非金属重型加强元件。

（3）格Ⅲ为派生（形状、特性等）结构的代号，这一格由 1 个英文字母构成，它们的含义为：

D——光纤带状结构；

B——扁平式结构；

T——填充式结构；

G——骨架槽结构；

C——自承式结构；

Z——阻燃结构。

（4）格Ⅳ为内护层的代号，这一格由 1 个英文字母构成，它们的含义为：

Y——聚乙烯内护层；

U——聚氨酯内护层；

L——铝内护层；

Q——铅内护层；

V——聚氯乙烯内护层；

A——铝-聚乙烯黏结内护层；

G——钢内护层；

S——钢-铝-聚乙烯综合内护层。

（5）格Ⅴ为外护层的代号，这一格由2位数字构成，第1位数字表示铠装层材料，第2位数字表示外护层材料，它们的含义如表3-5-1所示。

表3-5-1 外护层代号及其意义

第1位代号	铠装层（方式）	第2位代号	外护层（材料）
0	无	0	无
		1	纤维外护层
2	双钢带	2	聚氯乙烯外护层
3	细圆钢丝	3	聚乙烯外护层
4	粗圆钢丝	4	聚乙烯加敷尼龙外护层

2）短横线右侧5个小格的含义

（1）格1为在光缆中同类型光纤的根数，用阿拉伯数字表示。

（2）格2为光纤类别的代号，由1个英文字母构成，其含义为：

J——二氧化硅系多模渐变型光纤；

T——二氧化硅系多模突变型光纤；

D——二氧化硅系单模光纤；

X——二氧化硅系纤芯塑料包层光纤；

S——塑料光纤。

（3）格3为光缆中光纤主要尺寸的参数，用阿拉伯数字表示，单位为μm。这一格包含2种光纤的参数，有多模光纤的芯径/包层直径参数，如50/125，还有单模光纤的模场直径参数，如9。

（4）格4为光纤传输特性的代号。这1格又分3个小格，a、bb和cc分别表示光纤的使用波长、衰减系数和模式带宽，具体如下。

a为光纤使用波长的代号，用1位阿拉伯数字表示，含义为：

1——光纤的使用波长为0.85 μm；

2——光纤的使用波长为1.31 μm；

3——光纤的使用波长为1.55 μm。

bb为光纤衰减系数的代号，用2位阿拉伯数字表示，2位阿拉伯数字依次为在光缆中光纤衰减系数（dB/km）的个位和十分位（第1位小数）。如光纤的衰减系数为4（dB/km），bb位置用40来表示，再如光纤的衰减系数为0.2（dB/km），bb位置用02来表示。

cc为光纤模式带宽$B·L$（带宽距离积）的代号，用2位阿拉伯数字表示，2位阿拉伯数字依次表示$B·L$（MHz·km）的千位和百位。如$B·L$=400（MHz·km），由于千位是0，百位是 4，所以用 04 来表示。

（5）格 5 为在光缆中光纤的适用温度，由 1 个英文字母构成，其含义为：

A——适用于-40 ～+40℃；

B——适用于-30 ～+50℃；

C——适用于-20 ～+60℃；

D——适用于-5 ～+60℃。

2. 光缆端别及纤序识别

1）光纤色谱

光纤是以 12 根线芯为一束，按照如图 3-5-11 所示的光纤色谱顺序进行排列的。

| 光纤序号： | 1 | 2 | 3 | 4 | 5 | 6 | 7 | 8 | 9 | 10 | 11 | 12 |
| 光纤颜色： | 蓝 | 橙 | 绿 | 棕 | 灰 | 白 | 红 | 黑 | 黄 | 紫 | 粉红 | 天蓝 |

图 3-5-11　光纤色谱

2）光缆的端别

要想正确地对光缆进行连接、测量和维护工作，首先必须掌握光缆的端别判断方法和缆内光纤纤序的排列方法。

通信光缆的端别判断方法与通信电缆的端别判断方法类似。

（1）新光缆：光缆的红点端为 A 端，绿点端为 B 端；在光缆外护层上的长度数字中小的一端为 A 端，另一端为 B 端。

（2）旧光缆：由于长时间的摩擦，红、绿点和外护层上的数字可能会比较模糊，因此，可以采用通过光缆端面判断端别的方法进行判断。判断方法为：面对光缆端面，同一松套管内光纤的颜色若按蓝、橙、绿、棕、灰、白顺时针排列，则为光缆的 A 端，反之则为 B 端。

光缆的端别应满足下列要求：

① 为便于光缆的连接和维护，光缆端别应按照顺序要求放置，除特殊情况外，不得倒置端别。

② 长途光缆线路，应以局（站）所处的地理位置为准，以北、东方为 A 端，以南、西方为 B 端。

③ 市话局间光缆线路，以汇接局为 A 端，分局为 B 端。两个汇接局间的光缆线路以局号小的局端为 A 端，局号大的局端为 B 端。对于没有汇接局的城市，一般以容量较大的中心局为 A 端，分局为 B 端。

④ 分支光缆的端别应服从主要光缆的端别。

3）光缆中纤序的排定

在光缆中松套管单元光纤色谱分为 6 芯和 12 芯两种。其中，6 芯的光纤色谱排列顺序为蓝、橙、绿、棕、灰、白色；12 芯的光纤色谱排列顺序为蓝、橙、绿、棕、灰、白、红、黑、黄、紫、粉红、天蓝色。

若为 6 芯单元松套管，则在蓝色松套管中的蓝、橙、绿、棕、灰、白色 6 根光纤对应着 1～6 号光纤；在橙色松套管中的蓝、橙、绿、棕、灰、白色 6 根光纤对应着 7～12 号光纤，以此类推，直至排完所有松套管内的光纤为止。

若为 12 芯单元松套管，则在蓝色松套管中的蓝、橙、绿、棕、灰、白、红、黑、黄、紫、粉红、天蓝色 12 根光纤对应着 1~12 号光纤；在橙色松套管中的蓝、橙、绿、棕、灰、白、红、黑、黄、紫、粉红、天蓝色 12 根光纤对应着 13~24 号光纤；以此类推，直至排完所有松套管内的光纤为止。

实例 1 图 3-5-12 为某光缆端别，请回答下面问题：

（1）判断光缆端别；
（2）排定纤序；
（3）说明填充绳的作用。

图 3-5-12 光缆端别

解：
（1）光缆端别：因为蓝、橙松套管按照顺时针方向排列，所以是光缆的 A 端；
（2）排定纤序：蓝色松套管中的蓝、橙、绿、棕、灰、白 6 根纤对应 1~6 号纤；橙色松套管中的蓝、橙、绿、棕、灰、白 6 根纤对应 7~12 号纤；所以这是一条 12 芯的松套层绞式光缆。
（3）填充绳的作用：一是稳定缆芯结构；二是提高光缆的抗侧压能力。

> **能量小贴士**：新中国的第一根光纤：1976 年，世界第一条民用光纤通信线路开通，人类通信进入"光速时代"。同一年，我国第一根实用化光纤在武汉邮电科学研究院诞生，大大缩短了我国在光通信领域与西方发达国家的差距，开启了我国光纤通信技术和产业发展的新纪元。

骄傲之星：

提到光纤，一定要介绍"光纤之父"——高琨博士。他为全世界的光纤通信作出了杰出贡献，是诺贝尔物理学奖得主。扫描二维码来走进他的故事吧，体会他不断突破、不断创新的人格魅力！

扫一扫看微课视频："光纤之父"

闪光时刻：

（1）1976 年，我国第一根光纤在武汉邮电科学院诞生。

（2）1998 年，全国"八纵八横"格状形光缆骨干网提前两年建成，网络覆盖全国省会以上城市和 70%的地市，全国长途光缆达到 20 万千米。我国形成以光缆为主、卫星和数字微波为辅的长途骨干网络。

（3）2006 年，中国、美国、韩国六大运营商在北京签署协议，共同出资 5 亿美元修建中国和美国之间首个兆兆级、10 G 波长的海底光缆系统——跨太平洋直达光缆系统。

（4）2019 年，科研人员在国内首次实现 1.06 Pbps 超大容量波分复用及空分复用的光传输系统实验，可以实现一根光纤上近 300 亿人同时通话。

仪器仪表的标准操作与技巧

任务单

1. 任务目标

（1）能够正确识别光缆型号，描述出其含义；
（2）能够使用工具进行光缆开拔；
（3）能够识别光纤纤序。

2. 仪器仪表工具需求单

表 3-5-2　仪器仪表工具需求单

序号	仪器	工具/材料
1		
2		
3		
4		
5		
6		
7		

3. 小组成员及分工

表 3-5-3　小组成员及分工

职位	姓名	分工
组长		
组员1		
组员2		
组员3		
组员4		

4. 任务要求

（1）识别光缆型号

光缆盘、外护层上的白色标记如下，识别光缆型号，说明其含义。

① GYTA-12B1 ＿＿＿＿＿＿＿＿＿＿＿＿＿＿＿＿＿＿＿＿＿＿
② GYXTW-24B1 ＿＿＿＿＿＿＿＿＿＿＿＿＿＿＿＿＿＿＿＿＿

（2）开拔光缆，完成下表

光缆标识	
管内结构	

续表

光纤数量	
全色谱	

操作结果展示（可以附照片）：

（3）识别纤序

正确识别套管顺序，观察套管内光纤，芯线色谱及线序，并记录数据，完成下表（一管6芯）。

光纤线序	1	2	3	4	5	6	7	8	9	10	11	12	…	48
束管序号														
束管颜色														
管内线序														
光纤颜色														

评价总结

1. 自我评价

序号	评价内容	是否达到（1表示达到，0表示未达到）
1	了解光纤的结构及分类	
2	了解光缆的结构及分类	
3	能准确识别光缆的型号	
4	能够进行光缆纤序的排定	
5	能够准确将纤序及色谱一一对应	
6	能够正确判断光缆端别	
你觉得以上哪项内容操作最熟练		
在操作过程中，遇到哪些问题，你是如何解决的		
你认为在以后的工作中哪些内容会要求熟练掌握		

2. 小组评价

序号	评价内容	是否完成（1表示完成，0表示未完成）
1	正确完成上表中下面的内容	
2	团队合作完成	
3	任务按时完成	

3. 教师评价

序号	评价内容	是否完成（1表示完成，0表示未完成）
1	任务质量达标	
2	课程互动参与	
3	革新思路/附加任务完成情况	
4	5S 环境	

任务 3.6 光纤熔接

任务思维导图

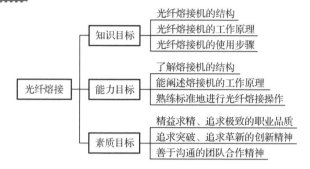

任务内容

通过完成本项目任务 3.6，掌握光纤的熔接方法。

知识准备

点睛：光纤熔接是光纤通信工程项目的一个重要环节，广泛应用在线路维护、故障检修等工作中。

岗位之星：集合—巡逻—发现故障—排障—巡逻，身处高原的通信女兵每天的工作周而复始，她们把最美的年华奉献给了国家，看似简单的工作怀揣着对祖国的爱、对军队的爱、对人民的爱、对岗位的爱！扫描右边的二维码，让我们看看负责光缆维护的通信女兵的一天吧！

SKYCOM T308 系列光纤熔接机依靠分辨光纤轮廓成像的光强进行对准工作，能够实现两侧光纤包层的对准、光纤位置的检测、端面质量的评估及熔接损耗的估算等功能。它具有外形小巧、质量较小、操作简单、熔接速度快、熔接损耗小的特点。

1. 光纤熔接机的组成

光纤熔接机主要由电源开关、LCD 显示屏、加热器、操作键盘、光纤熔接部件、提手带和防风罩等器件组成，某型号光纤熔接机如图 3-6-1 所示，其熔接部件结构如图 3-6-2 所示。

2. 光纤熔接机的原理与操作步骤

1）光纤熔接机的工作原理

光纤熔接机的工作原理是先利用光学成像系统提取光纤图像在屏幕进行实时显示，再通过 CPU 对光纤图像进行计算和分析并给出相关数据和提示信息。然后，操作者控制光纤对准系统将 2 根光纤对准，2 根电极棒释放高压电弧，将已经对准的 2 根光纤的断面熔化，使 2 根光纤融合为 1 根，并获得低损耗、低反射、高机械强度及长期稳定、可靠的光纤熔接接头。最后，仪器将提供精确的熔接损耗评估。光纤熔接机的熔接原理如图 3-6-3 所示。

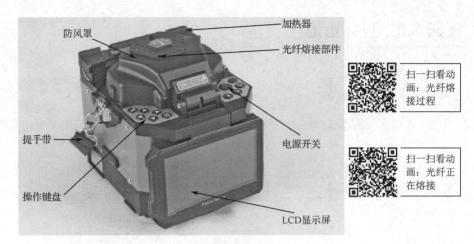

图 3-6-1　光纤熔接机

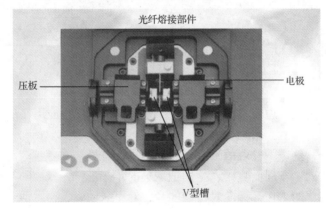

图 3-6-2　熔接部件结构

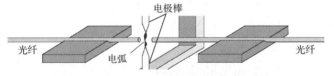

图 3-6-3　光纤熔接机的熔接原理

光纤熔接的操作步骤如下。

2）光纤熔接前的清洁和检查

（1）清理 V 型槽。如果在 V 型槽中有灰尘或污染物，光纤压头就不能正常压住光纤，从而降低熔接质量，导致熔接损耗偏大。所以在操作过程中应用蘸有酒精的棉签清洁 V 型槽的底部，在清洁过程中不要碰到电极棒。

（2）清理光纤压头。如果在光纤压头上有灰尘或污染物，光纤压头就不能正常压住光纤，从而降低熔接质量，导致熔接损耗偏大，其清洁与清理 V 型槽的步骤相同。

3）电源连接

光纤熔接机有电池供电和交流适配器供电两种供电方式，在连接电源时请确保光纤熔接机处于关闭状态。

4)开机

按电源键开机。

5)安装热缩套管

在熔接前须给光纤安装热缩套管。

6)光纤端面的制作流程

(1)用网线钳剥除光纤涂覆层 30~40 mm,如图 3-6-4 所示。

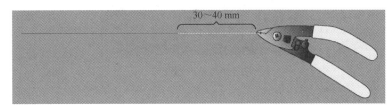

图 3-6-4　剥除光纤涂覆层

(2)用酒精棉包住光纤,将裸纤擦拭干净,一般擦拭 2~3 次即可,如图 3-6-5 所示。

图 3-6-5　擦拭光纤

(3)将光纤涂覆层的边缘对准切割器标尺的"16"刻度,如图 3-6-6 所示。左手将光纤放入导向压槽内,右手合上压板,然后推动切割器的刀片切断光纤。

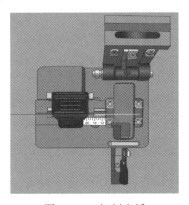

图 3-6-6　切割光纤

7)放置光纤

(1)打开防风罩和压板,把准备好的光纤放置在 V 型槽内,并使光纤末端在 V 型槽边缘和电极尖端之间。

(2)用手指捏住光纤,合上压板以保证光纤不会移动,并确保光纤放置在 V 型槽的底部。如果光纤放置得不正确,则需要重新放置光纤。

(3) 按照上面的步骤放置另一根光纤，如图3-6-7所示。

图3-6-7 放置光纤

(4) 关闭防风罩。

8) 熔接

放置光纤后按"AUTO"键进行自动熔接。

9) 取出光纤并加热

(1) 打开加热盖；

(2) 打开防风罩；

(3) 打开左右两侧压板；

(4) 将光纤取出并将热缩套管移至熔接点处；

(5) 将热缩套管放置在加热器的中央，并盖上加热盖；

(6) 按"HEAT"键进行加热操作，加热指示灯会同时亮起；

(7) 在加热指示灯熄灭后完成加热操作；

(8) 打开加热盖，取出热缩套管检查是否有气泡存在；

(9) 检查完毕后将光纤放置于散热盘中待其冷却。

> 能量小贴士：熔接光纤，重点不在熔接，因为纤芯对接、熔接和热缩都由熔接机自动完成。剥缆、分管（判别管号）、分色、刮膜、切纤和盘纤都是手工细活，都需要耐心和细致。

扫一扫下载光纤熔接测试题

项目3 通信线路的维护与排障

任务单

1. 任务目标

（1）了解光纤熔接机的原理；

（2）能够熟练标准地完成光纤熔接。

2. 仪器仪表工具需求单

表 3-6-1 仪器仪表工具需求单

序号	仪器	工具/材料
1		
2		
3		
4		
5		
6		
7		

3. 小组成员及分工

表 3-6-2 小组成员及分工

职位	姓名	分工
组长		
组员1		
组员2		
组员3		
组员4		

4. 任务要求

按照标准步骤，完成至少三根光纤熔接，将操作步骤填入表3-6-3中。

表 3-6-3 光纤熔接操作步骤

操作步骤序号	操作内容	重难点
1		
2		
3		
4		
5		
6		

155

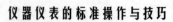

续表

操作步骤序号	操作内容	重难点
7		
8		
9		
10		

操作结果展示（可以附照片）：

评价总结

1. 自我评价

序号	评价内容	是否达到（1 表示达到，0 表示未达到）
1	了解光纤熔接机的原理	
2	了解光纤熔接机的结构	
3	熟悉光纤熔接的标准操作步骤	
4	熔接损耗低于 0.01 dB	
5	熔点在热缩套管的正中间	
6	热缩套管未出现喇叭口	
你觉得以上哪项内容操作最熟练		
在操作过程中，遇到哪些问题，你是如何解决的		
你认为在以后的工作中哪些内容会要求熟练掌握		

2. 小组评价

序号	评价内容	是否完成（1 表示完成，0 表示未完成）
1	正确调制信号参数	
2	团队合作完成	
3	任务按时完成	

3. 教师评价

序号	评价内容	是否完成（1 表示完成，0 表示未完成）
1	任务质量达标	
2	课程互动参与	
3	革新思路/附加任务完成情况	
4	5S 环境	

任务 3.7　OTDR 的工作原理与操作

任务思维导图

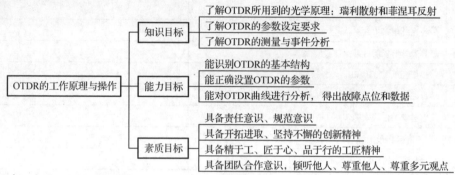

扫一扫看微课视频：OTDR 的工作原理

扫一扫看微课视频：OTDR 的操作

扫一扫看电子教案：OTDR 的工作原理与操作

扫一扫看教学课件：OTDR 的工作原理与操作

任务内容

通过完成本项目任务 3.7，学会使用 OTDR 快速精准找到光缆故障点位。

知识准备

点睛：OTDR（Optical Time Domain Reflectometer），是一种广泛应用于光缆线路的维护、施工的仪器（见图 3-7-1），可进行光纤长度、光纤的传输衰减、接头衰减和故障定位等的测量。

图 3-7-1　工作人员正在使用 OTDR 进行光缆线路排障

3.7.1　OTDR 的基本结构

OTDR 的基本结构如图 3-7-2 所示。其中，控制系统一般包含脉冲发生器、信号处理器、放大器和时钟等,作为核心控制数据的处理和结果的显示;激光器作为光源,完成电/光(E/O)转换,并由发送端发出激光;光定向分路/耦合器可以使光按照特定方向输出至待测光纤,并由待测光纤经定向分路/耦合器反向输入至探测器;探测器完成相反的光/电(O/E)转换,经放大交由控制系统的信号处理器进行处理,得到结果并以数据、图表等形式在显示器上显示出来。

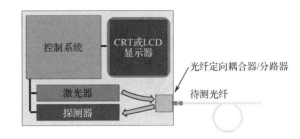

图 3-7-2　OTDR 的基本结构

3.7.2　OTDR 的工作原理

OTDR 在运行中主要用到 2 个重要的光学原理——瑞利散射和菲涅尔反射。

1. 瑞利散射

当光传输介质粒子的尺度远小于入射光的波长(小于波长的 1/10)时,在其各方向上散射光的强度是不一样的,该强度与入射光波长的 4 次方成反比,这种现象称为瑞利散射,又称分子散射。由于在光纤纤芯中存在着许多不均匀的沉积成分和杂质,所以当光通过不均匀的沉积点时,有一部分光会被散射到不同的方向上,同时向前传播的光的强度也会减弱。向光源方向散射回来的部分叫后向散射,如图 3-7-3 所示,由于散射损耗,这一部分光的脉冲强度会变得很弱。

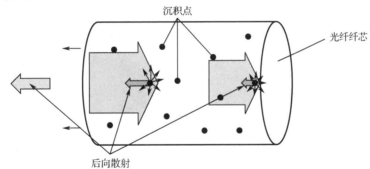

图 3-7-3　后向散射的情形

2. 菲涅尔反射

当光入射到折射率不同的两种介质的分界面时,一部分光会被反射,这种现象被称为菲涅尔反射。光在光纤中的传输路径为光纤—空气—光纤,由于光纤和空气的折射率不同,将产生菲涅尔反射现象。在这种情况下,在光纤的端面处将发生镜面反射,如图 3-7-4 所示。当光信号通过光纤的端面时(类似于手电筒的光穿过玻璃窗),一部分光会以和入射时相同的角度反射回来,反射光的光强度可达入射光光强度的 4%,且无论光信号是从光纤进入空气还是从空气进入光纤,反射光的强度比例都是相同的。

瑞利散射和菲涅尔反射所产生的反射光使探测器能够接收到足够强度的光,以此完成相关的分析。

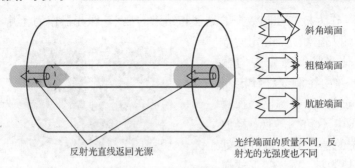

图 3-7-4　镜面反射的情形

> **能量小贴士**：菲涅耳反射现象的发现者是法国物理学家奥古斯丁·让·菲涅耳（Augustin-Jean Fresnel），他曾是一名年轻的道路建设工程师，常年疾病缠身，又因政治原因入狱，但在关押期间却凭借潜心钻研和坚强意志，完成了多项光学研究，在光的波粒学说争议中提出了许多重要理论。

3.7.3　OTDR 的操作准备

1. OTDR 操作界面识别

以 OTP-2 型光时域反射仪为例，其操作界面如图 3-7-5 所示。在长按电源键开机后选择"光时域反射仪"模式即可进入仪器的操作界面，可以使用触摸屏、右侧方向键或 F1 至 F5 功能键对仪器进行控制。

2. OTDR 光纤连接

OTP-2 型光时域反射仪的端口排列如图 3-7-6 所示，有 OTDR 测量端口、可视故障探测仪（VFL）端口、光功率

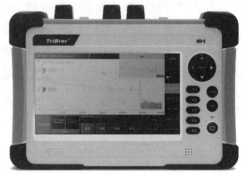

图 3-7-5　OTP-2 型光时域反射仪操作界面

计（OPM）端口、USB 端口、SD 卡和以太网端口等。其中，在黄色帽盖下的端口为 OTDR 测量端口，注意在内部的连接端口处有防尘帽保护。将待测光纤的末端用酒精擦拭后，将其通过连接器与 OTDR 测量端口相连，此时应保证光纤尾纤的连接器与 OTDR 测量端口相匹配（OTP-2 型光时域反射仪可选配 FC、SC、LC 等不同型号的适配器）。

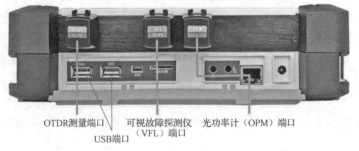

图 3-7-6　OTP-2 型光时域反射仪的端口排列

3.7.4 OTDR 的操作步骤

1. 设定光纤折射率参数

首先选择 "OTDR 设置" 选项，在菜单中选择 "折射率" 选项，进行折射率的参数设定。光纤的折射率参数是由光纤生产厂家提供的，且与波长有关。例如，康宁公司生产的型号为 SMF-28 的光纤在 1550 nm 波段时的折射率为 1.4682，纤芯和包层的折射率相差 0.36%。在设定好折射率后可点击 "确认并退出" 选项回到主菜单。光纤折射率的设定如图 3-7-7 所示。

图 3-7-7　光纤折射率的设定

2. 波长选择

如想通过手动模式使用仪器，则需要设定一系列的参数。仪器一般有 1310 nm 与 1550 nm 两种波长可选，如图 3-7-8 所示（图中的 us 应为 μs，下同）。其中，1550 nm 波长比 1310 nm 波长的测试距离更远、对弯曲更加敏感、单位长度衰减更小；而 1310 nm 波长比 1550 nm 波长测得的熔接或连接器的损耗更高。若在使用 1550 nm 波长测量时发现在曲线上的某处有较大的台阶状波形，在用 1310 nm 波长进行复测时发现台阶状波形消失，说明该处存在弯曲过度的情况，需要进一步查找并排除故障；若 1310 nm 波长测量时同样有较大的台阶状波形，则说明该处光纤可能还存在其他问题，需要继续查找和排除。在实际的光缆维护工作中一般会对两种波长都进行测试和比较。

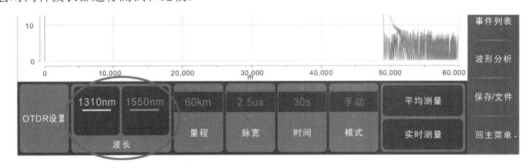

图 3-7-8　波长的选择

3. 设定量程

光在空气中的传播距离与传播时间存在以下关系：

$$d = \frac{ct}{2} \tag{3-7-1}$$

其中，c 为光在真空中的速度，t 为光信号从发射到接收的总时间（即往返双程）。若光在折射率为 IOR 的光纤中传播，光的传播距离与传播时间的关系为：

$$d = \frac{ct}{2 \times \text{IOR}} \qquad (3\text{-}7\text{-}2)$$

因此，光的折射率与传播距离存在比例关系，在测试前需要先设置好量程。通常根据经验，为保证光纤的实际长度不超过设定量程，量程选取为整条光路估算长度的 1.5～2 倍最为合适。例如，已知一条光缆的预估长度约为 4 km，则计算量程应选取在 4 km×(1.5～2)=6～8 km。量程的设定如图 3-7-9 所示。

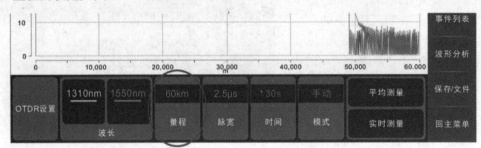

图 3-7-9　量程的设定

4. 设定脉冲宽度

在光功率大小恒定的情况下，脉冲宽度的大小直接影响着光的能量的大小，光的脉冲宽度越大，光的能量越大，分辨率越低；光的脉冲宽度越小，光的能量越小，分辨率越高。如果需要测试长距离（大于等于 5 km）的光纤链路，一般会设置较大的脉冲宽度，但测试的细节会不太清晰；测试短距离（小于 5 km）的光纤链路，一般会设置较小的脉冲宽度，测试的细节会比较清晰。

5. 设定测试时间

测试时间即发光器发光与测量的总时间。在一般情况下，测试时间越长，测试轨迹曲线越清晰，误差越小。脉宽与测试时间的设定如图 3-7-10 所示。

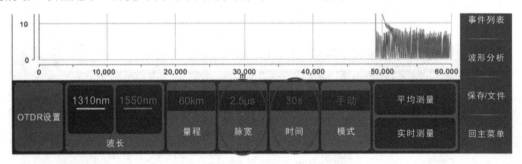

图 3-7-10　脉宽与测试时间的设定

6. 开始测量

以单盘光纤为例，在设置好各项参数后可选择"平均测量"或"实时测量"功能，分别对应着固定平均值和当前值的测量。在选好相应的测量方式后，发光器开始发光，经过所选定的测量时间之后仪器将显示结果的"事件列表"，单盘光纤测量结果如图 3-7-11 所示。

项目 3　通信线路的维护与排障

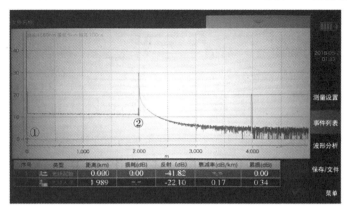

图 3-7-11　单盘光纤测量结果

7. 读数

在图 3-7-11 中可见"①""②"两个光标,"①"为光纤起始点,"②"为光纤末端。可从图中的表格里读出,"②"点的距离为 1.989 km,该长度即为光纤的总长度;"衰减率"为 0.17 dB/km,即为光纤的全程衰减率;"累损"为 0.34 dB,即为光纤的全程损耗。

在右侧菜单中可选择"波形分析"功能,在选择后系统将自动调出 A、B 两光标点,通过触摸屏可将 A、B 两点移动至任意两位置,在屏幕下方列表中即会显示出两点相差的距离及两点间的线路损耗。

8. 事件分析

在上文中仅以单盘光纤为例,其包含的事件较少。如对长距离光纤进行分析,则可能在线路中出现更多事件,如图 3-7-12 所示。

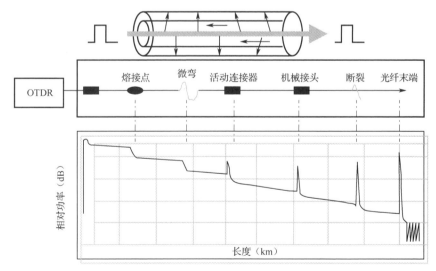

图 3-7-12　长距离光纤事件分析

OTDR 的结果曲线又称为后向散射曲线,其中各类事件对应着曲线的变化情况。事件一般可以分为两类:反射事件和非反射事件。反射事件一般在曲线上显示为波形的突起,而非反射事件一般在曲线上显示为向下的台阶。各类反射事件和非反射事件如表 3-7-1 所示。

表 3-7-1　反射事件与非反射事件

类别	反射事件	非反射事件
现象	波形的突起	向下的台阶状波形
可能原因	起始点连接器、活动连接器、机械接头（冷接子）、光纤断裂、光纤末端	光纤熔接点、微弯损耗、后向散射

由表 3-7-1 可以看出，各类反射事件基本均存在光纤在物理外观上有破损、终结或未完全联通的情况；而在各类非反射事件中，光纤在物理外观上没有破损、断裂，但有内部介质不均匀的情况出现。由此可见，在光纤传输中反射事件和非反射事件与光纤本身传输介质的连贯性、密度是否均匀等因素紧密联系，并直接体现在 OTDR 的结果曲线中。

利用这一特性，OTDR 可以完成对事件点距离、损耗等的测定，这在实际应用中对光缆的检测与维护有着重要意义。

> **能量小贴士**：工程应用中一般使用到哪些光纤测试设备？测试遵循的标准是什么？需要测试哪些参数？光纤验收时采用何种测试方法？

扫一扫看
工程应用
案例 1

扫一扫看
工程应用
案例 2

扫一扫看
工程应用
案例 3

任务单

1. 任务目标

（1）能够识别 OTDR 的基本结构；

（2）能够正确设置 OTDR 的参数；

（3）能对 OTDR 曲线进行分析，得出故障点位和数据。

2. 仪器仪表工具需求单

表 3-7-2　仪器仪表工具需求单

序号	仪器	工具/材料
1		
2		
3		
4		
5		
6		
7		

3. 小组成员及分工

表 3-7-3　小组成员及分工

职位	姓名	分工
组长		
组员 1		
组员 2		
组员 3		
组员 4		

4. 任务要求

（1）利用三盘测试光纤（长度范围已知）模拟任务背景中的战地光缆通信段，其中测试盘 1 到测试盘 2，测试盘 2 到测试盘 3 中间各有一个故障点，如图 3-7-13 所示。制作尾纤将测试盘 1 与 OTDR 相连，利用 OTDR 自动测试模式测试出测试盘 1 到测试盘 2 之间故障点的位置（即第一段光纤长度）。

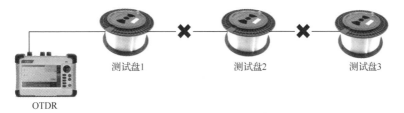

图 3-7-13　光缆通信段故障情况

（2）将测试盘 1 到测试盘 2 利用热熔方式抢修连通，利用 OTDR 自动测试模式观察测试盘 1 到测试盘 2 之间的熔接点事件，并测试出熔接点损耗及测试盘 2 到测试盘 3 之间故障点的位置（即测试盘 1 到测试盘 2 的总长）。

（3）将测试盘 2 到测试盘 3 利用活动连接器式抢修连通，并使得三段光纤连接为一段光纤线路，如图 3-7-14 所示。

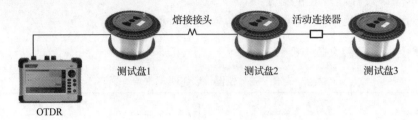

图 3-7-14　光纤测试盘连接示意图

（4）在手动测量模式下，根据表 3-7-4 所示参数要求进行所有参数设置，发光测量，并观察 OTDR 后向散射曲线和数据结果。

表 3-7-4　课堂任务参数

参数名称	数值
折射率	1.4680
波长	1550 nm
第一段光纤长度（估计值）	见测试盘标签
第二段光纤长度（估计值）	见测试盘标签
第三段光纤长度（估计值）	见测试盘标签
设置量程	根据计算设定
脉冲宽度	100 ns
测试时间	自定

（5）根据结果计算并填写 OTDR 测试表格，如表 3-7-5 所示。

（6）完成结果报告（见表 3-7-6），参考操作评测细则评测个人完成情况（见表 3-7-7）。

表 3-7-5　OTDR 测试表格

设置参数			
设置长度测量范围		设置测试时间	
全段测量结果			
光纤总长		活动连接器损耗	
总损耗		熔接点损耗	
分段测量结果			
第一段长度		第一段损耗	
第一段衰减率			
第二段长度		第二段损耗	

项目3 通信线路的维护与排障

续表

分段测量结果			
第二段衰减率			
第三段长度		第三段损耗	
第三段衰减率			
任选A、B两点			
两点间距离		两点间损耗	

表3-7-6 结果报告

测量结果	（照片张贴：OTDR测量结果界面）

表3-7-7 操作评测细则

序号	步骤	总分	评分细则	得分
1	光纤连接	5	1. 待测光纤未用酒精擦拭，每次扣1分，扣完为止； 2. 活动连接器未与端口正常紧密插接，每处扣1分，扣完为止； 3. 未连接完毕就发光，扣3分	
2	参数设置	30	1. 折射率设置错误，扣5分； 2. 波长设置错误，扣5分； 3. 量程设置错误，扣10分； 4. 脉宽设置错误，扣5分； 5. 时间可自行设置	
3	事件观察与读数	60	1. 光纤总长读数错误，扣5分； 2. 总损耗读数错误，扣5分； 3. 接头损耗读数错误，扣5分； 4. 熔接损耗读数错误，扣5分； 5. 分段测量结果（各段长度、损耗、衰减率）共计36分，每处错误扣4分； 6. 任选A、B两点间距离测量错误，扣2分；两点间损耗错误，扣2分	
4	整理与清洁	5	出现桌面不整洁、线缆缠绕未整理情况，本项不得分	

仪器仪表的标准操作与技巧

评价总结

1. 自我评价

序号	评价内容	是否达到（1 表示达到，0 表示未达到）
1	了解 OTDR 的基本原理	
2	了解 OTDR 的基本结构	
3	能够准确连接待测光纤与 OTDR	
4	能够正确进行 OTDR 参数设置	
5	能够观察事件，准确读数	
你觉得以上哪项内容操作最熟练		
在操作过程中，遇到哪些问题，你是如何解决的		
你认为在以后的工作中哪些内容会要求熟练掌握		

2. 小组评价

序号	评价内容	是否完成（1 表示完成，0 表示未完成）
1	正确完成上述三题内容	
2	团队合作完成	
3	任务按时完成	

3. 教师评价

序号	评价内容	是否完成（1 表示完成，0 表示未完成）
1	任务质量达标	
2	课程互动参与	
3	革新思路/附加任务完成情况	
4	5S 环境	

 扫一扫看 OTDR 的练习题与答案

 扫一扫下载 OTDR 测试题